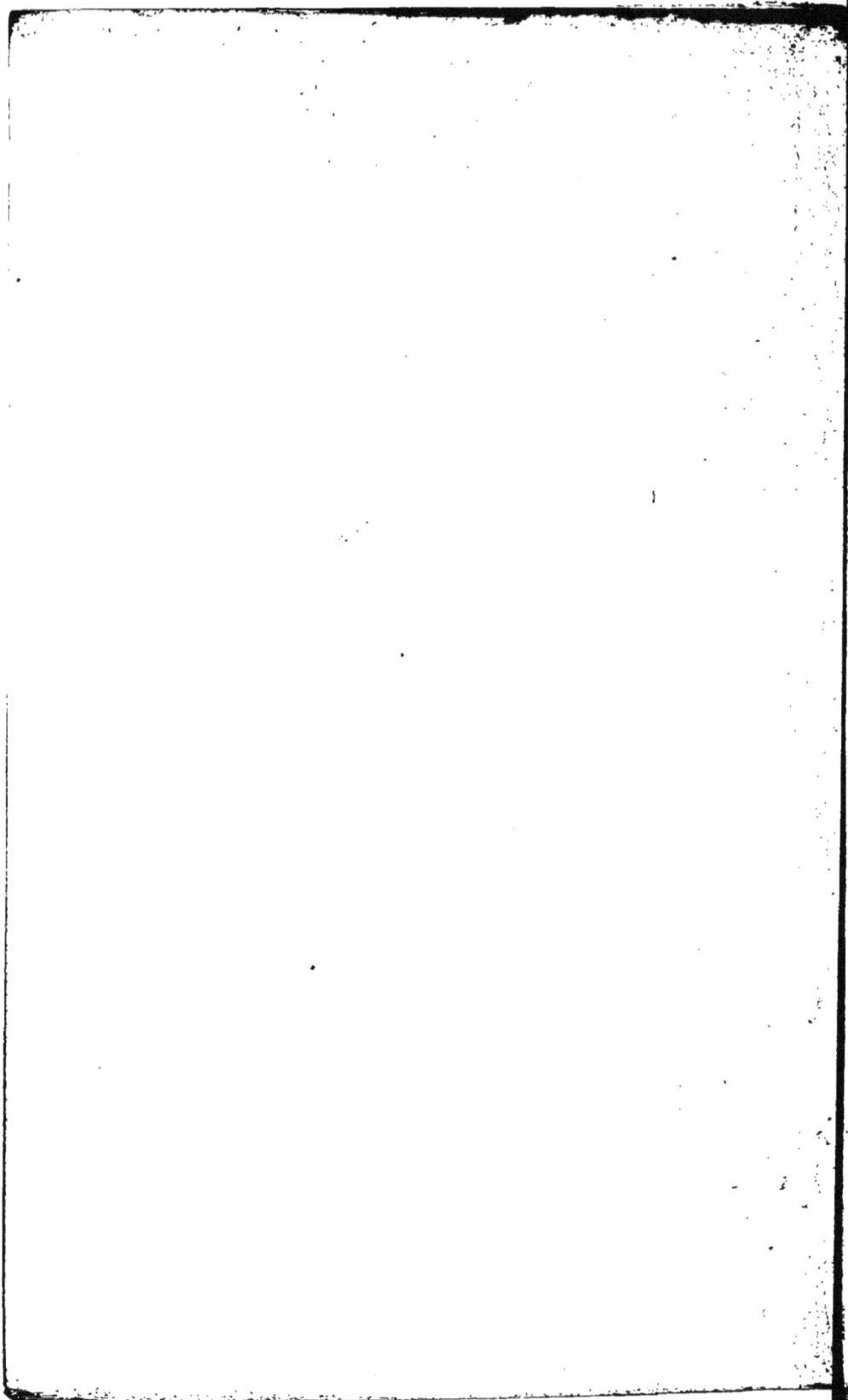

ARITHMÉTIQUE

THÉORIQUE ET PRATIQUE,

D'après le programme donné

AUX ÉCOLES DE LYON

PAR LA SOCIÉTÉ D'INSTRUCTION PRIMAIRE DU RHONE ;

Par un ancien instituteur.

COURS DE DEUXIÈME ANNÉE.

ÉDITION DE L'ÉLÈVE.

PARIS,

DEZOBRY ET MAGDELEINE, LIBRAIRES,

Rue du Cloître Saint-Benoît (quartier de la Sorbonne).

1853.

PROPRIÉTÉ

AVANT-PROPOS.

—

La première partie de cette *Arithmétique, calquée sur le programme donné aux Écoles de Lyon,* a reçu partout un bienveillant accueil. Les Instituteurs et les Institutrices y ont trouvé leur méthode, leurs procédés, les définitions, les explications qu'ils connaissaient ; mais ils les ont retrouvés accompagnés de nombreux exercices qu'ils ne trouvaient nulle part, et qui les dispensent d'employer un temps précieux à les composer eux-mêmes.

Ces exercices sont d'une simplicité que l'on pourrait trouver exagérée, si l'on ne savait avec quel soin, avec quelle persévérance l'éducateur doit s'appliquer à se rendre intelligible, à faire, pour ainsi dire, toucher au doigt ce qu'il enseigne. Nous croyons fermement que cette tâche a été remplie. Le livre du maître achève, d'ailleurs, et complète les explications.

La troisième et dernière partie de ce petit ouvrage est sous presse. Elle paraîtra dans le courant de novembre.

—

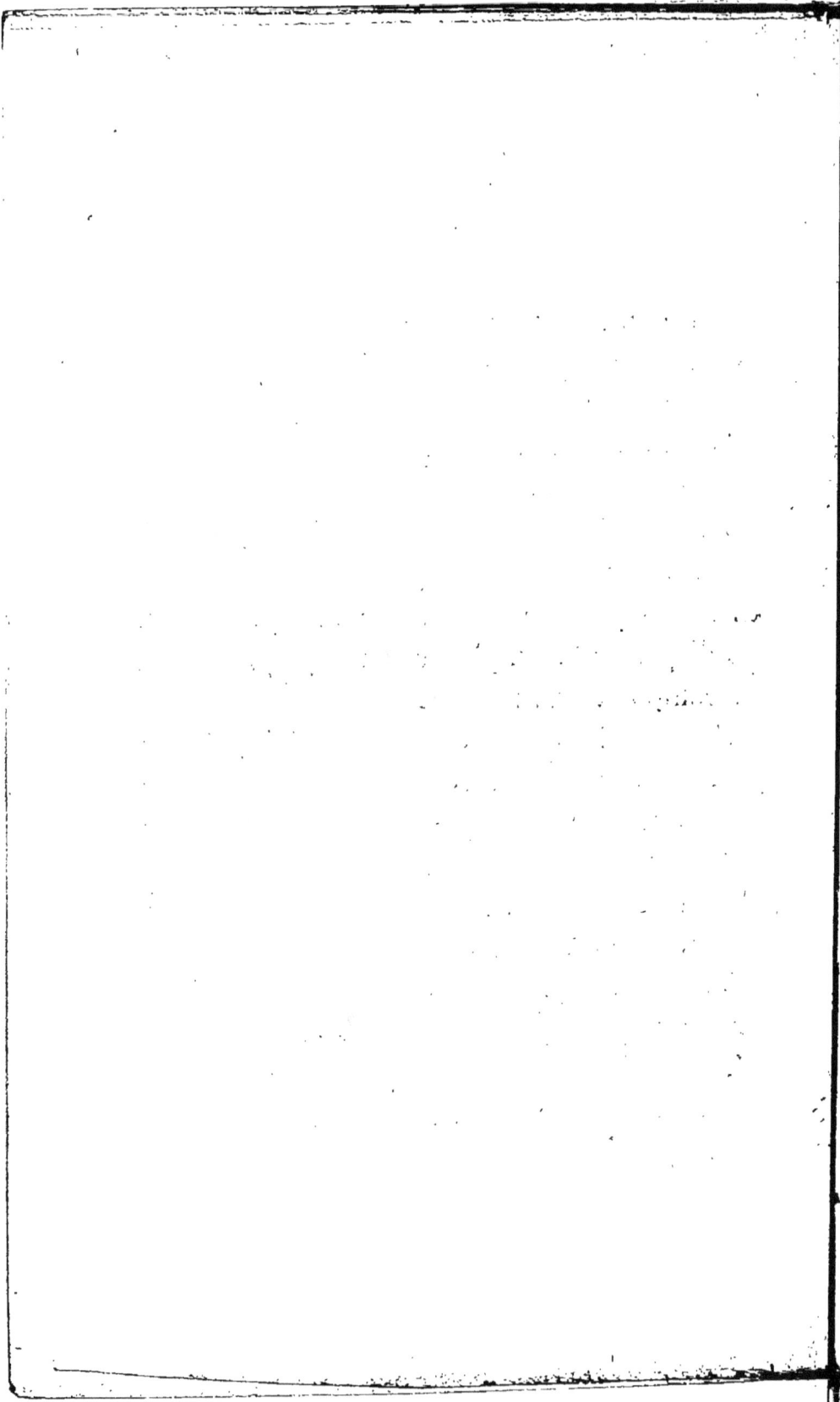

———

ARITHMÉTIQUE.

Trois leçons d'une heure chacune par semaine.

———

DEUXIÈME CLASSE.

Novembre. — L'addition : sa définition. — Somme ou total. — Manière de faire l'addition.—Table d'addition.—Exercices et problèmes sur l'addition.

Décembre. — Qu'est-ce que la soustraction ? — Table de soustraction. — Principes de soustraction. — Manière de faire la soustraction. — Soustraction des nombres décimaux. — Preuve de la soustraction. — Exercices et problèmes sur la soustraction.

Janvier. — Qu'est-ce que la multiplication ? — Facteurs. — Quel nombre prendre pour le multiplicande ? — Usages de la multiplication. — Manière de faire la multiplication : 1º par un nombre d'un seul chiffre; 2º par un nombre de plusieurs chiffres. — Multiplication des nombres renfermant des zéros. — Multiplication des nombres décimaux.

Février. — Problèmes combinés sur l'addition et la soustraction. — Preuve de la multiplication.—Multiplication par 10, 100, 1.000, etc. — Exercices et problèmes sur les multiplications des nombres entiers, décimaux, renfermant des zéros et variés.

Mars. — Continuation des exercices et problèmes sur la multiplication. — Répétition de tout ce qui précède.

Avril. — Qu'est-ce que la division ? — Table de la division. — Usages de la division. — Manière de faire la division : 1º par des nombres d'un chiffre ; 2º par des nombres de plusieurs chiffres. — Preuve de la division.

Mai. — Observations sur le chiffre du quotient trop fort, trop faible, exact ; — pour éviter les tâtonnements. — Ne poser jamais plus de 9 dans les divisions partielles, etc. — Quotients évalués en décimales. — Division des nombres renfermant des zéros. — Division par 10, 100, 1.000, etc. — Continuation des exercices sur les trois premières règles.

Juin. — Changement que subit le quotient lorsqu'on multiplie ou qu'on divise le dividende et le diviseur ou l'un d'eux. — Division des nombres décimaux. — Manière d'abréger la division. — Preuve de la multiplication par la division. — Divisibilité des nombres sans reste. — Exercices et problèmes faciles sur la division.

Juillet. — Système métrique : le mètre, l'are, le stère, le litre, le gramme, le franc. — Les mots pour les multiples : myria, kilo, hecto, déca. Les mots pour les sous-multiples : déci, centi, milli. — Tableau synoptique de toutes les mesures du système métrique.

Août. — Exercices et problèmes faciles sur le système métrique. — Répétition de toute l'arithmétique.

Note de l'Editeur. — Ce traité est rédigé de manière qu'on est toujours au courant du programme en faisant un exercice chaque jour de leçon, à commencer du mois de novembre.

Imp. de GIRARD et JOSSERAND, LYON.

ARITHMÉTIQUE

THÉORIQUE ET PRATIQUE,

D'APRÈS LE PROGRAMME DONNÉ

AUX ÉCOLES DE LYON

Par la Société d'instruction primaire du Rhône,

ADDITION.

1. L'*addition* a pour but de réunir plusieurs nombres de la même espèce en un seul.

2. Le résultat de l'addition se nomme *somme* ou *total*.

3. Pour faire l'addition, on écrit les nombres les uns sous les autres, en ayant soin de

placer les unités de même espèce dans la même colonne, puis on tire un trait sous le dernier nombre.

On commence ensuite l'opération par la droite; on additionne successivement chaque colonne; on écrit au dessous de chacune les unités qui proviennent de l'addition, et l'on porte les dizaines à la colonne suivante, excepté à la dernière, où l'on écrit la somme telle qu'on la trouve.

Exemple.

$$9.143$$
$$54$$
$$1.920$$

11.117 somme ou total.

4. Le nombre 11.117 est bien la somme des nombres donnés, puisqu'il contient toutes les unités, toutes les dizaines, toutes les centaines, tous les mille que contenaient les nombres donnés.

EXERCICE DE CALCUL MENTAL.

On écrira souvent cet exercice sur le tableau noir, et on exercera les élèves à additionner rapidement les nombres suivants, d'abord verticalement, puis horizontalement. (1)

2	3	4	5	6	7	8	9
2	3	4	5	6	7	8	9
2	3	4	5	6	7	8	9
2	3	4	5	6	7	8	9
2	3	4	5	6	7	8	9
2	3	4	5	6	7	8	9
2	3	4	5	6	7	8	9
2	3	4	5	6	7	8	9
2	3	4	5	6	7	8	9
2	3	4	5	6	7	8	9
2	3	4	5	6	7	8	9

(1) Quand l'exercice n'est point accompagné de quelques définitions, l'élève a pour *leçon* toutes les définitions qui précèdent. Alors le moniteur se servira du *questionnaire* placé à la fin du cahier.

a.

1er EXERCICE.

$317+27+9+967+740+8 \ =$
$643+94+824+934+7 \ =$
$124+994+88+7+647 \ =$
$94+848+614+23+679 \ =$
$549+58+9+628+29 \ =$
$764+921+23+727+18 \ =$
$26+8+769+3+395 \ =$
$515+30+509+768 \ =$
$829+348+19+887+6 \ =$
$169+8+68+948+99 \ =$

2e EXERCICE.

$594+643+7+941+170 \ =$
$9+640+777+609+404 \ =$
$509+66+457+6+764+9 \ =$
$317+71+94+798+743+5 \ =$
$67+933+740+511+994 \ =$
$9+647+27+749+930+8 \ =$
$777+66+4+749+564+23 \ =$
$423+15+69+7+447+630 \ =$
$492+76+697+79+433 \ =$
$97+640+74+5+473+39 \ =$

3e EXERCICE.

$94+16.443+911+5.074+29 =$
$50.819+714+139+874 \ =$
$67+91.679+7.158+467 \ =$
$25.329+85+643+927+9 \ =$

$84.664 + 921 + 7 + 9.443 \quad =$

$67 + 64.590 + 7 + 6.767 + 9 \quad =$

$84.562 + 69 + 679 + 4.823 \quad =$

$9 + 74.984 + 64 + 683 + 7 \quad =$

$49.114 + 643 + 9.724 + 9 \quad =$

$27 + 643 + 79.129 + 79 \quad =$

4e EXERCICE.

$4.879 + 5 + 645 + 91.511 \quad =$

$27.640 + 67 + 943 + 777 \quad =$

$49 + 53.914 + 645 + 95 \quad =$

$743 + 94.768 + 57 + 6.411 \quad =$

$529 + 57 + 9.643 + 5.154 \quad =$

$564 + 91.872 + 78 + 18 \quad =$

$9 + 989 + 667 + 25.489 \quad =$

$116 + 945 + 6.423 + 149 \quad =$

$18.748 + 91 + 1.848 + 9 \quad =$

$16 + 163 + 1.241 + 198 \quad =$

5. On commence l'opération par la droite, pour avoir la facilité de porter à la colonne suivante immédiatement à gauche la *retenue* provenant de la colonne que l'on vient d'additionner.

5e EXERCICE.

$94 + 664 + 8 + 4.423 + 7 \quad =$

$45.674 + 91 + 723 + 9 \quad =$

$27 + 69 + 649 + 43.987 \quad =$

$74 + 61.840 + 70 + 18.911 \quad =$

61+9+49+18.724+971 =
73+947+9.678+29.312 =
19+48+11.789+18.549 =
14 987+73+45.614+8 =
77+9.864+56.720+1.749=
763+97+78.641+9.974 =

6ᵉ EXERCICE.

17.421+19+643+94.517 =
78+9+94.567+49.873 =
8+17.534+91.989+77 =
347+19.943+85+79+7 =
65.649+89+12.764+87 =
63+94.471+67+43.554 =
9+64.679+69+38.240 =
13.340+6+947+19.679 =
43.721+17.740+9+69+7 =
8+79+7+15.647+637 =

6. On appelle *preuve* d'une opération une seconde opération que l'on fait pour s'assurer de l'exactitude de la première.

7. La preuve la plus prompte et la plus suivie de l'addition consiste à recommencer l'opération, mais de bas en haut.

7ᵉ EXERCICE.

116.641+77+19.740+8 =
131.420+67+18+549+7 =

314+640+94.664+194.340 =
13+118.940+981.617+99 =
112.940+101.909+701 =
28+109+900.990+88 =
317.540+940+601.967 =
73.980+840+840.630+7 =
889.371+17+9+671.041 =
9+749.809+769+19.440 =

8e EXERCICE.

621.904+94+61.909+71 =
814.009+7+15.601+708+7. =
965.720+767.940+7+67 =
67+671+980.760+71+667 =
61+9+19.617+567.981+108 =
139+964.617+19.430+43.128 =
91+617+94+231.496+129 =
371.417+21+115.630+967+7 =
49+51.412+989.670+6.140+8 =
9+767.614+91+540.674+113 =

9e EXERCICE.

2+179.429+989+967+18.749 =
19.401+940+16.671+971.008+7=
130+9.420+617+492.970+5 =
9+613+94.503+721.430+71 =
14.130+7+871.408+10.012 =
91+614+51.420+79+943 =
161+140.904+94+874+9 =

$$4+973+19.421+79+985 \;=\;$$
$$974+97+961.417+913+431 \;=\;$$
$$19.423+9+431.840+134+8 \;=\;$$

8. *L'addition des nombres décimaux* se fait comme celle des nombres entiers, mais en ayant soin d'écrire les nombres de manière que les virgules soient dans la même colonne verticale. Ce résultat obtenu, il faut séparer par une nouvelle virgule la partie entière de la partie décimale.

Exemple.

$$
\begin{array}{r}
45,90 \\
518,35 \\
9,05 \\
3.642,97 \\
\hline
4.216,27
\end{array}
$$

9. La virgule a pour but de séparer les *dixièmes* des *unités*. Or, dans le nombre 4.216,27, le premier chiffre à la droite de la virgule, provenant de l'addition des dixièmes, représente des dixièmes; le premier chiffre à la gauche de la virgule, provenant de l'addition des unités, représente des unités. Donc, la virgule posée au total est à sa place.

10ᵉ EXERCICE.

```
0,69+91,4+647+3,40+9.437,29    =
7+19+9,89.667+47+19,421        =
14+94.967+640+0,94.320         =
7.141,3+0,34+9,71.643+81,2     =
441+2,31.371+88+0,7+940        =
0,94+64,0.720+0,19+640+8,71    =
0,4+94,0.671+0,73+0,116+33.428 =
0,5+671.430+0,81+964.840+10,9  =
0,76+901+7,3.004+89,7.489      =
9+19.413+64+0,912+0,17         =
```

10. Les différents *usages de l'addition* sont :

1° De trouver le total de plusieurs nombres de la même espèce : *Un cuisinier a dépensé 3 fr., plus 2 fr., plus 5 fr.; il demande le total de sa dépense. Réponse : 10 francs.*

2° D'augmenter un nombre d'un ou de plusieurs nombres donnés : *Arthur a 5 noisettes; combien en aurait-il si on lui en donnait encore 4? R. 9.*

Problèmes sur l'addition.

11ᵉ EXERCICE.

L'élève, s'appuyant sur un des usages de l'addition, dira par écrit pourquoi il fait une addition.

Exemple.

Chercher la somme des nombres 943 et 847.

Opération :   943
847

Somme : 1.790

Solution. Il faut additionner 943 avec 847, parce que cette question revient à cet usage de l'addition : *Trouver le total de plusieurs nombres de la même espèce.*

943+847=1.790, nombre demandé.

P. 1ᵉʳ. On demande la somme des trois nombres 20, 307 et 143. R.

P. 2ᵉ. J'ai fait 16 kilom. pour aller à ma campagne, il m'en reste 19 à parcourir; à quelle distance de chez moi ma campagne est-elle située? R. A kilomètres.

P. 3ᵉ. Deux domaines ont été vendus, le premier 3.647 f., le deuxième 19.569,40; quel a été le produit de cette vente? R.

P. 4ᵉ. On a vendu 12ᵐ,50 d'une pièce de drap, il en reste 19ᵐ,90; quelle était la longueur de la pièce? R.

P. 5e. Une propriété a été payée 18.643 fr.; combien
faudra-t-il la revendre pour gagner 5.347 fr.?
R.

P. 6e. Un garçon gagne 150 francs de gages; combien
gagnera-t-il la cinquième année si on l'augmente
tous les ans de 25 fr.? R.

P. 7e. Jacques avait 16 ans à la naissance de sa sœur;
quel sera son âge quand sa sœur aura 18 ans?
R.

P. 8e. Une voiture a été vendue 850 fr.; combien faudrait-il la revendre pour gagner 75 fr.? R.

P. 9e. Georges a 7 poires; combien en aura-t-il s'il en
reçoit d'abord 9 et ensuite 12? R.

P. 10e. Une mère a 20 ans de plus que sa fille aînée,
celle-ci 18 ans de plus que sa sœur cadette âgée
de 16 ans; énoncer successivement l'âge de ces
trois personnes. R. La première   ans, la
deuxième   , la troisième

12e EXERCICE.

P. 1er. Un enfant a reçu pour le jour de l'an, de son
père 50 fr., de sa mère 20 fr., de son oncle
105 fr. 95 c.; à combien s'élèvent ses étrennes?
R.

P. 2e. Une personne qui était née en 1808 est morte à
l'âge de 44 ans; quelle est l'année de son décès?
R.

P. 3e. Il m'arrive 3 pièces de drap : la première est de
65 mètres, la seconde de 19^m,25 et la troisième

de 44 mètres; de combien de mètres est cet envoi? R.

P. 4e. J'ai acheté une chemise de 6 fr., une cravate de 7 fr. 40 c., des chaussettes de 0,95 c., un pantalon de 25 fr., un gilet de 16 fr., un habit de 95 fr., des bottes de 22 fr. 50 c. et un chapeau de 17 fr.; combien ai-je dépensé pour cet habillement? R.

P. 5e. Arthur a 50 bons points de plus que Georges, qui en a 29; combien a-t-il de bons points? R.

P. 6e. L'arrondissement de Lyon compte 421.217 habitants, l'arrondissement de Villefranche en compte 164.606; quelle est la population du département du Rhône? R.

P. 7e. Une personne est née en 1824; à quelle époque aura-t-elle 69 ans? R.

P. 8e. On perd 5 fr. 40 c. en vendant un certain objet 16 fr. 20 c.; combien a-t-il coûté? R.

P. 9e. Un débiteur a payé à son créancier 512 fr., puis 940 fr., enfin 720 fr. 40 c., et il doit encore 8.714 francs 50 centimes; combien lui devait-il? R.

P. 10e. Le mètre d'une étoffe coûte 7 fr. 45 c.; combien faudra-t-il le vendre pour gagner 3 fr. 15 c.? R.

SOUSTRACTION.

11. La *soustraction* a pour but de trouver la différence de deux nombres de la même espèce.

12. Le résultat de la soustraction se nomme *reste*, *excès* ou *différence*.

13. La soustraction repose sur *deux principes* :

1° Que l'on trouve la différence de deux nombres lorsque du plus grand on retranche le plus petit ;

2° Que la différence entre deux nombres ne change pas quand on ajoute à ces deux nombres une même quantité.

14. Pour faire la soustraction, on écrit le plus petit nombre sous le plus grand, de manière que les unités de même espèce soient dans une même colonne, et l'on souligne le tout.

Puis, commençant par la droite, on retranche chaque chiffre du rang inférieur de son correspondant, et l'on écrit le reste au dessous de chaque colonne.

Exemple.

De   964.587
Otez 562.103
_____

402.284 reste, excès ou différence.

15. Le nombre 402.284 est bien la différence cherchée, puisque pour le former on a pris successivement la différence des *unités*, des *dizaines*, *des centaines*, etc., de ces nombres.

13ᵉ EXERCICE.

9.764—7.723=
7.947—2.936=
2.643—1.401=
4.578—3.572=
7.643—4.530=
6.578—5.364=
3.432—1.320=
1.347—1.132=
8.765—7.542=
5.479—5.300=

16. On fait la preuve de la soustraction en ajoutant la différence au plus petit nombre; on obtient le plus grand.

Exemple.

58.792
30.542 ⎫
——————⎬ preuve.
28.250 ⎫
58.792 ⎭

14e EXERCICE.

34.793—   32.581=
74.327—   2.114=
68.937—   57.610=
43.795—   400=
867.934— 704.230=
296.797—   73.250=
5.275.395— 160.273=
3.637.965—   7.193=
1.793.497— 13.041=
92.714.935—2.403.812=

17. S'il arrivait que le chiffre à soustraire fût plus fort que son *correspondant,* on augmenterait ce dernier de dix unités de son espèce ; on ferait la soustraction de cette colonne ; on ajouterait une unité au chiffre du rang inférieur immédiatement à gauche, et l'on continuerait l'opération

15e EXERCICE.

$$91 - 89 =$$
$$43 - 25 =$$
$$65 - 56 =$$
$$82 - 77 =$$
$$44 - 35 =$$
$$54 - 29 =$$
$$38 - 29 =$$
$$75 - 65 =$$
$$20 - 19 =$$
$$90 - 78 =$$

16e EXERCICE.

$$247 - 218 =$$
$$782 - 457 =$$
$$309 - 199 =$$
$$560 - 227 =$$
$$945 - 752 =$$
$$174 - 169 =$$
$$609 - 469 =$$
$$857 - 768 =$$
$$508 - 99 =$$
$$799 - 789 =$$

17e EXERCICE.

$$1.300 - 971 =$$
$$80.097 - 9.538 =$$
$$72.057 - 4.979 =$$
$$2.380 - 796 =$$

543— 349=
30.007— 14.389=
9.097— 3.098=
60.074— 9.798=
805.456—379.698=
50.040— 9.721=

18ᵉ EXERCICE.

337.291—159.407=
757.613—597.756=
145.632— 96.953=
951.347—554.769=
237.612— 78.945=
853.271— 47.978=
434.125— 5.938=
667.036— 17.397=
524.300— 27.538=
906.354— 79.469=

19ᵉ EXERCICE.

7.692.137— 42.578=
1·345.093— 234.678=
3.094.371— 797.894=
9.245.376—9.073.795=
6.145.032—6.059.873=
4.710.021—1.945.078=
8.210.456—3.147.563=
5.520.456—4.907.587=
7.240.007—1.978.989=
3.037.415—1.779.537=

20ᵉ EXERCICE.

6.000.043—2.752.772=
1.230.000—1.043.291=
5.020.300—4.029.450=
8.405.000—　96.307=
4.107.003—　906.459=
3.000.061—1.432.192=
7.200.026—　92.709=
5.103.007—　964.789=
2.003.001—　375.795=
9.000.003—　19.049=

18. La *soustraction des nombres décimaux* se fait comme celle des nombres entiers ; seulement il faut avoir soin d'ajouter une quantité suffisante de zéros à la droite du nombre qui a le moins de décimales, pour que les deux nombres contiennent la même quantité de chiffres décimaux. Dans le reste, on place une virgule dans la colonne des virgules.

21ᵉ EXERCICE.

704,97—476,26=
456,7—　97,9=
0,745—　0,567=
8,64—　0,97=
973—　74,35=

$$53,64 — 29,76 =$$
$$3,197 — 0,998 =$$
$$2,604 — 715,29 =$$
$$2,404 — 2,094 =$$
$$100,74 — 59,9 =$$

22ᵉ EXERCICE.

$$334,56 — 247,67 =$$
$$9,294 — 1.325,62 =$$
$$61,060 — 59,73 =$$
$$0,941 — 0,29 =$$
$$246 — 209,543 =$$
$$200 — 145,179 =$$
$$372 — 345,55 =$$
$$10,006 — 9,0.674 =$$
$$152 — 98,538 =$$
$$8,4 — 6,7.894 =$$

PREUVE DE L'ADDITION PAR LA SOUSTRACTION.

19. La *preuve de l'addition par la soustraction* se fait en additionnant de nouveau tous les nombres à l'exception du premier; puis on retranche le second total du premier total : on doit retrouver le nombre excepté.

Exemple.

$$409$$
$$6.170$$
$$550$$
$$94$$

7.203 premier total.
6.794 second total.

409 nombre excepté.

20. Les différents *usages de la soustraction* sont :

1° De chercher la différence entre deux nombres : *Trouver la différence des deux nombres 45 et 25. R. 20.*

2° De chercher l'excès d'un nombre sur un autre : *Charles a 14 ans, Joseph en a 9 ; combien Charles a-t-il d'années de plus que Joseph ? R. 5 ans de plus.*

3° De diminuer un nombre donné d'un autre nombre donné : *Une pièce d'étoffe avait 16 mètres, on en a pris 7 ; combien en reste-t-il ? R. 9 mètres.*

4° Connaissant la somme de deux nombres et l'un de ces nombres, de trouver l'autre nombre : *Je pense à un nombre qui serait 12 si on y ajoutait 9 ; quel est ce nombre ? R. 3.*

Problèmes sur la soustraction.

23ᵉ EXERCICE.

L'élève, s'appuyant sur un des usages de la soustraction, dira par écrit pourquoi il fait une soustraction.

Exemple.

On devait 224 fr., on a donné à compte 81 fr.; que reste-t-il à payer?

Opération :
$$\begin{array}{r} 224 \\ 81 \\ \hline 143 \\ \hline 224 \end{array} \Bigg\} \text{ preuve.}$$

Solution. Il faut soustraire 81 de 224, parce que cette question revient à cet usage de la soustraction : *Chercher l'excès d'un nombre sur un autre.*

224 — 81 = 143 nombre demandé.
81 + 143 = 224 preuve.

P. 1ᵉʳ. Quel est l'excès de 1.907 sur 988,70? R.

P. 2ᵉ. Charlemagne a régné de 768 à 814; combien d'années est-il resté sur le trône? R.

P. 3ᵉ. Un courrier qui avait 160 kilom. à parcourir est arrivé au 95ᵉ kilom.; combien en aura-t-il encore à compter? R.

P. 4ᵉ. Deux frères ont ensemble 31 ans, l'aîné en a 18 ; quel est l'âge du cadet? R.

P. 5ᵉ. On demande la différence de prix de deux objets qui ont coûté, l'un 529 fr., l'autre 718. R.

P. 6ᵉ. Un marchand vend 116 fr. ce qu'il a payé 89 fr. 75 c.; quel est son bénéfice? R.

P. 7ᵉ. J'ai 59 jetons dans mes deux mains, dont 34 dans la main droite ; combien y en a-t-il dans la main gauche? R.

P. 8ᵉ. Quel nombre faut-il ajouter à 92,17 pour arriver à 890? R.

P. 9ᵉ. Paul a placé 740 fr., il retire 525 fr.; que lui reste-t-il à toucher? R.

P. 10ᵉ. Tu es entré au jeu avec 97 fr., tu en es sorti avec 71,60 ; combien as-tu perdu? R.

24ᵉ EXERCICE.

P. 1ᵉʳ. Combien ai-je à payer à un débiteur de 197 fr. qui me livre pour 204 fr. de bois? R.

P. 2ᵉ. Que reste-t-il d'un troupeau de 147 moutons auquel l'épidémie en a enlevé 23 ? R.

P. 3ᵉ J'ai 26 ans et nous sommes en 1350 ; quelle est l'année de ma naissance? R.

P. 4ᵉ. Quel nombre faut-il ajouter à 8.973 pour avoir 37.960? R. 28.987.

P. 5ᵉ. Un détachement de 12.740 hommes en a perdu 3.887 ; combien en reste-t-il ? R.

P. 6ᵉ. Quel est le nombre plus petit que 5.614 de 1.925? R.

P. 7ᵉ. Une personne interrogée sur son âge répond : Si j'avais 11 ans de plus, j'aurais 81 ans; quel est son âge? R.

P. 8ᵉ. La différence de deux nombres est 89 et le plus grand 501; quel est le plus petit? R.

P. 9ᵉ. Paris a 900.000 habitants, Lyon 400,000; quelle est la différence de population? R.   habitants.

P. 10ᵉ. En vendant une pièce de drap 140 fr., on gagne 34 fr. 20; combien a-t-elle coûté? R.

MULTIPLICATION.

21. La *multiplication* est un cas particulier de l'addition, qui a pour but de simplifier l'opération quand les nombres à additionner sont constamment les mêmes ;

Ou bien, la *multiplication* a pour but, étant donnés deux nombres, d'en former un troisième qui se compose avec le multiplicande comme le multiplicateur se compose avec l'unité.

22. Le résultat de la multiplication se nomme *produit*.

23. On appelle *facteurs* les nombres qui concourent à la formation d'un produit.

24. On doit prendre pour *multiplicande* le nombre qui exprime l'espèce d'unité qu'on doit avoir au produit, parce que le produit doit toujours être de même nature que le multiplicande.

25. Cependant, pour abréger l'opération, des deux nombres donnés on prend ordinairement le plus grand pour *multiplicande* et le plus petit pour *multiplicateur*. Alors on considère les deux facteurs comme deux *nombres abstraits ;* on s'appuie sur ce principe qu'*on peut changer l'ordre des facteurs sans changer le produit.*

26. DÉMONSTRATION DE CE PRINCIPE. — Prenons, par exemple, les facteurs 5 et 4, et prouvons que $5 \times 4 = 4 \times 5$.

Concevons l'unité écrite 5 fois sur une même ligne horizontale et formant 4 de ces lignes :

$$
\begin{array}{ccccc}
\bullet & \bullet & \bullet & \bullet & \bullet \\
\bullet & \bullet & \bullet & \bullet & \bullet \\
\bullet & \bullet & \bullet & \bullet & \bullet \\
\bullet & \bullet & \bullet & \bullet & \bullet
\end{array}
$$

La somme des unités de ce tableau est égale aux 5 unités d'une ligne horizontale répétée 4 fois, ou au produit de 5×4.

Mais cette somme est aussi égale aux 4 unités d'une ligne verticale répétée 5 fois, ou au produit de 4×5.

Donc $5 \times 4 = 4 \times 5$.

27. Pour multiplier un nombre quelconque

par un nombre *d'un seul chiffre*, on écrit le multiplicateur sous les unités du multiplicande, et l'on souligne le tout.

Puis, commençant par la droite, on prend successivement chaque chiffre du multiplicande autant de fois qu'il y a d'unités dans le multiplicateur ; on écrit chaque petit produit partiel, lorsqu'il ne surpasse pas 9, sous le chiffre que l'on multiplie, et si l'un de ces produits contient des dizaines, on les retient pour les ajouter au produit suivant.

Exemple.

432 multiplicande.
2 multiplicateur.
_____
864 produit.

28. Raisonnement. — Multiplier 432 par 2, c'est prendre 2 fois 432 ou prendre 2 fois chacune de ses parties. Le produit sera donc composé de deux fois les unités, deux fois les dizaines, deux fois les centaines du multiplicande; formant ces trois produits partiels et les additionnant, on obtient 864 pour produit demandé.

Exemple.

$$432$$
$$2$$

1er produit partiel	4	*quatre unités.*
2^e	idem	60 *six dizaines ou* 60 *unités.*
3^c	idem	800 *huit centaines ou* 800 *unit.*

Produit total : 864

25e EXERCICE.

Calcul mental.	Calcul écrit.
2 fois 2 font 4	$1234567890 \times 2 =$
2 » 3 » 6	$2345678901 \times 2 =$
2 » 4 » 8	$3456789012 \times 2 =$
2 » 5 » 10	$4567890123 \times 2 =$
2 » 6 » 12	$5678901234 \times 2 =$
2 » 7 » 14	$6789012345 \times 2 =$
2 » 8 » 16	$7890123456 \times 2 =$
2 » 9 » 18	$8901234567 \times 2 =$
2 » 10 » 20	$9012345678 \times 2 =$

26e EXERCICE.

Calcul mental.	Calcul écrit.
3 fois 3 font 9	$1234567890 \times 3 =$
3 » 4 » 12	$2345678901 \times 3 =$
3 » 5 » 15	$3456789012 \times 3 =$
3 » 6 » 18	$4567890123 \times 3 =$

3 fois 7 font 21	5678901234×3=
3 » 8 » 24	6789012345×3=
3 » 9 » 27	7890123456×3=
3 » 10 » 30	8901234567×3=
	9012345678×3=

27ᵉ EERCICE.

Calcul mental.	Calcul écrit.
4 fois 4 font 16	1234567890×4=
4 » 5 » 20	2345678901×4=
4 » 6 » 24	3456789012×4=
4 » 7 » 28	4567890123×4=
4 » 8 » 32	5678901234×4=
4 » 9 » 36	6789012345×4=
4 » 10 » 40	7890123456×4=
	8901234567×4=
	9012345678×4=

28ᵉ EXERCICE.

Calcul mental.	Calcul écrit.
5 fois 5 font 25	1234567890×5=
5 » 6 » 30	2345678901×5=
5 » 7 » 35	3456789012×5=
5 » 8 » 40	4567890123×5=
5 » 9 » 45	5678901234×5=
5 » 10 » 50	6789012345×5=
	7890123456×5=
	8901234567×5=
	9012345678×5=

29ᵉ EXERCICE.

Calcul mental.	Calcul écrit.
6 fois 6 font 36	$1234567890 \times 6 =$
6 » 7 » 42	$2345678901 \times 6 =$
6 » 8 » 48	$3456789012 \times 6 =$
6 » 9 » 54	$4567890123 \times 6 =$
6 » 10 » 60	$5678901234 \times 6 =$
	$6789012345 \times 6 =$
	$7890123456 \times 6 =$
	$8901234567 \times 6 =$
	$9012345678 \times 6 =$

30ᵉ EXERCICE.

Calcul mental.	Calcul écrit.
7 fois 7 font 49	$1234567890 \times 7 =$
7 » 8 » 56	$2345678901 \times 7 =$
7 » 9 » 63	$3456789012 \times 7 =$
7 » 10 » 70	$4567890123 \times 7 =$
	$5678901234 \times 7 =$
	$6789012345 \times 7 =$
	$7890123456 \times 7 =$
	$8901234567 \times 7 =$
	$9012345678 \times 7 =$

31ᵉ EXERCICE.

Calcul mental.	Calcul écrit.
8 fois 8 font 64	$1234567890 \times 8 =$
8 » 9 » 72	$2345678901 \times 8 =$
8 » 10 » 80	$3456789012 \times 8 =$

$$4567890123 \times 8 =$$
$$5678901234 \times 8 =$$
$$6789012345 \times 8 =$$
$$7890123456 \times 8 =$$
$$8901234567 \times 8 =$$
$$9012345678 \times 8 =$$

32ᵉ EXERCICE.

Calcul mental.	Calcul écrit.
9 fois 9 font 81	$1234567890 \times 9 =$
9 » 10 » 90	$2345678901 \times 9 =$
	$3456789012 \times 9 =$
—	$4567890123 \times 9 =$
	$5678901234 \times 9 =$
10 fois 10 font 100	$6789012345 \times 9 =$
	$7890123456 \times 9 =$
	$8901234567 \times 9 =$
	$9012345678 \times 9 =$

29. Pour multiplier un nombre de *plusieurs chiffres* par un nombre de *plusieurs chiffres*, il faut écrire le multiplicateur sous le multiplicande et souligner le tout.

Commençant par la droite, on multiplie successivement le multiplicande par chacun des chiffres du multiplicateur, en ayant soin de placer le premier chiffre de chaque produit partiel dans la colonne du chiffre par lequel on multiplie.

Exemple.

$$
\begin{array}{r}
6472 \\
233 \\
\hline
19416 \\
19416 \\
12944 \\
\hline
1507976
\end{array}
$$

30. RAISONNEMENT. — Multiplier 6.472 par 233, c'est répéter 233 fois 6.472 ou le prendre 200 fois + 30 fois + 3 fois ; formant ces produits partiels et les réunissant, on obtient le produit demandé.

Le premier chiffre de chaque produit partiel se place au même rang que le chiffre par lequel on multiplie, parce qu'en multipliant seulement une unité par une dizaine on obtient au moins une dizaine. Ces produits étant disposés pour l'addition, il est inutile d'écrire les zéros à leur droite.

31. Si l'on rend un des facteurs un certain nombre de fois plus grand, le produit devient ce même nombre de fois plus grand.

En effet, soit 4 le multiplicateur, si on le multiplie par 2, il deviendra 8 : or, il est clair que, quel que soit le multiplicande, si au lieu de le prendre 4 fois on le prend 8 fois, le nouveau produit sera 2 fois plus grand que le premier.

Ce qui se dit du multiplicateur peut se dire du multiplicande, parce qu'on peut changer l'ordre des facteurs sans changer la valeur du produit.

32. *Réciproquement*, si l'on rend un des facteurs un nombre de fois plus petit, le produit devient ce même nombre de fois plus petit.

PREUVE DE LA MULTIPLICATION.

33. On fait la *preuve de la multiplication* en multipliant la moitié du multiplicande par le double du multiplicateur, ou simplement en changeant l'ordre des facteurs.

Exemple.

Règle.	Preuve.
1234567890	617283945
23	46
3703703670	3703703670
2469135780	2469135780
28395061470	28395061470

55ᵉ EXERCICE.

L'élève présentera règles et preuves sur cahier.

1234567890×25=
2345678901×22=
3456789012×23=
4567890123×23=
5678901234×23=
6789012345×23=
7890125456×23=
8901234567×23=
9012345678×23=

34ᵉ EXERCICE.

L'élève présentera règles et preuves sur cahier.

1234567890×254=
2345678901×234=
3456789012×234=
4567890123×234=
5678901234×234=
6789012345×234=
7890123456×234=
8901234567×234=
9012345678×234=

MULTIPLICATION DES NOMBRES DÉCIMAUX.

34. La *multiplication des nombres décimaux* se fait comme celle des nombres entiers, sans faire attention à la virgule ; mais l'opération

terminée, on sépare à la droite du produit, au moyen de la virgule, autant de chiffres décimaux qu'il y en a dans les deux facteurs.

35. Si le produit ne contient pas autant de chiffres qu'il doit y avoir de décimales, on ajoute à sa gauche autant de zéros qu'il est nécessaire.

Soit 2,75 à multiplier par 0,005.

Exemple.

$$2,75$$
$$0,005$$
$$\overline{0,01375}$$

En ne tenant pas compte de la virgule dans les deux facteurs, je multiplie respectivement le premier par 100 et le second par 1.000 ; le produit est donc $(100 \times 1.000 = 100.000)$ multiplié par 100.000.

Pour le ramener à sa juste valeur, il faut le diviser par 100.000 en séparant, à partir de la droite, 5 décimales.

35e EXERCICE.

L'élève présentera règles et preuves sur cahier.

1234567890 × 234,5 =
234567890,1 × 2345 =
34567890,12 × 2345 =
4567890,123 × 2345 =
567890,1234 × 2345 =

56e EXERCICE.

67890,12345 × 2345 =
7890,123456 × 234,5 =
890,1234567 × 23,45 =
90,12345«78 × 2,345 =

36. Si l'un des facteurs ou tous les deux sont terminés par des zéros, on fait la multiplication sans faire attention à ces zéros, et on les écrit à la droite du produit.

Soit 3.600 à multiplier par 420.

Exemple.

$$
\begin{array}{r}
3600 \\
420 \\
\hline
72 \\
144 \\
\hline
1512000
\end{array}
$$

En négligeant les deux zéros du multiplicande et le zéro du multiplicateur, on rend le produit $(100 \times 10 = 1.000)$ mille fois trop faible; il faut donc ajouter 3 zéros à sa droite pour le ramener à sa juste valeur.

37ᵉ EXERCICE.

$$45 \times 80 =$$
$$730 \times 50 =$$
$$2.090 \times 49 =$$
$$240 \times 300 =$$
$$409 \times 670 =$$
$$60 \times 7.000 =$$
$$8.000 \times 210 =$$
$$300 \times 900 =$$
$$30.000 \times 7.000 =$$
$$940.900 \times 2.407 =$$

38ᵉ EXERCICE.

$$70,5 \times 100 =$$
$$597 \times 10 =$$
$$3,74 \times 10 =$$
$$9,57 \times 100 =$$
$$75 \times 1000 =$$
$$93,4 \times 10 =$$
$$60 \times 100 =$$
$$4,79 \times 1000 =$$
$$24,8 \times 10 =$$

39ᵉ EXERCICE.

$1234567890 \times 23456 =$
$2345678901 \times 23456 =$
$3456789012 \times 23455 =$
$4567890123 \times 23456 =$
$5678901234 \times 23456 =$

40ᵉ EXERCICE.

$6789012345 \times 23456 =$
$7890123456 \times 23456 =$
$8901234567 \times 23456 =$
$9012345678 \times 23456 =$

41ᵉ EXERCICE.

$1234567890 \times 234567 =$
$2345678901 \times 234567 =$
$3456789012 \times 234567 =$
$4567890123 \times 234567 =$
$5678901234 \times 234567 =$

42ᵉ EXERCICE.

$6789012345 \times 234567 =$
$7890123456 \times 234567 =$
$8901234567 \times 234567 =$
$9012345678 \times 234567 =$

43ᵉ EXERCICE.

$1234567890 \times 2345678 =$
$2345678901 \times 2345678 =$
$3456789012 \times 2345678 =$

44e EXERCICE.

$4567890123 \times 2345678 =$
$5678901234 \times 2345678 =$
$6789012345 \times 2345678 =$

45e EXERCICE.

$7890123456 \times 2445678 =$
$8901234567 \times 2345678 =$
$9012345678 \times 2345678 =$

46e EXERCICE.

$12345678,90 \times 23456789 =$
$2345678,901 \times 23456789 =$
$345678,9012 \times 23456789 =$

47e EXERCICE.

$45678,90123 \times 23456789 =$
$5678,901234 \times 23456789 =$
$678,9012345 \times 23456789 =$

48e EXERCICE.

$78,901234,56 \times 25456789 =$
$8,901234567 \times 23,456789 =$
$9012345678 \times 2,3456788 =$

37. Les principaux *usages de la multiplica-tion* sont :

1° D'additionner plusieurs fois le même nombre : *Faire la somme de* 134 *fois* 42. *R.* 5.628.

2° De trouver le produit ne deux nombres : *Quel est le produit de* 21 *par* 12 ? *R.* 252.

3° De rendre un nombre un certain nombre de fois plus grand : *Trouver un nombre* 14 *fois plus fort que* 31. *R.* 434.

4° De trouver le prix total de plusieurs objets de même valeur quand on connaît le prix de l'un d'eux : *Chercher le prix de* 14 *mètres de drap à* 11 *fr. le metre. R.* 154 *fr.*

5° De chercher combien on aurait d'objets pour plusieurs francs quand on connait le nombre qu'on aurait pour un franc : *Pour* 1 *franc on a* 150 *épingles; combien en aura-t-on pour* 5 *fr.? R.* 750 *épingles.*

6° De réduire des unités supérieures en unités inférieures, comme des jours en heures : *Combien y a-t-il de secondes en* 3 *heures? R.* 10.800.

b.

APPLICATIONS SIMPLES.

Problèmes sur la multiplication.

49ᵉ EXERCICE.

L'élève, s'appuyant sur un des usages de la multiplication, dira par écrit pourquoi il fait une multiplication.

Un mètre de drap coûte 8 fr. 9 ; combien coûteront 765 mètres de la même espèce ?

Exemple.

OPÉRATIONS.

Règle.	Preuve.
8 fr., 9	4,45
765	1530
445	13350
534	2225
623	445
6.808,5	6.808,50

Solution. — Il faut faire une multiplication, parce que cette question revient à cet usage de la multiplication : *Trouver le prix total de plusieurs objets quand on connaît le prix de l'un d'eux.*

$$8 \text{ fr. } 9 \times 765 = 6.808 \text{ fr. } 5$$

Preuve : $4,45 \times 1530 = 6.808 \text{ fr. } 50$

P. 1ᵉʳ. On compte 25 lettres dans une ligne ; combien en comptera-t-on dans une page de 38 lignes ? R.

P. 2ᵉ. A combien reviendront 432 mètres de ruban à 7 fr. 40 c. le mètre ? R.

P. 3ᵉ. Pierre trouve à bien dîner pour 1 fr. 25 c.; com-

bien dépensera-t-il pour régaler 365 personnes ?
R.

P. 4e. Quel serait le prix de 564 pièces de vin à raison de 85 fr. la pièce? R.

P. 5e. 1.567 tonneaux sont achetés 14 fr. 20 c. chaque; on demande le déboursé. R.

P. 6e. La rame de papier coûte 7 fr. 75 c.; à combien se montera la facture de 980 rames? R.

P. 7e. Quel serait le résultat de la vente de 1.247 chevaux au prix de 962 fr. le cheval? R.

P. 8e. Mon cheval mange par jour 20 kilog. de foin; quelle provision faudra-t-il faire pour l'an (année de 365 jours)? R.

P. 9e. Quel est le nombre qui égale 7 fois 0,45 ? R.

P. 10e. Un invalide coûte 700 fr. à l'État; combien 1.000 invalides coûteront-ils? R.

50e EXERCICE.

P. 1er. Le stère de bois se vendant 16 fr. 90 c., que coûteront 29 stères? R.

P. 2e. Un ouvrier fait 4m,15 par jour; combien en fera-t-il en 50 jours? R.

P. 3e. Que doit recevoir en 129 jours l'ouvrier qui gagne 2 fr. 50 c. par jour? R.

P. 4e. Quel est le prix de 150 kilog. à raison de 0,35 le kilog.? R.

P. 5e. Un litre de vin coûte 0,30 c.; que vaudront 210 litres de la même qualité? R.

P. 6e. On a acheté 620 kilog. d'huile à 1 fr. 50 c. le kilog.; on demande la facture. R.

P. 7ᵉ. Chercher le prix de 767 exemplaires de *Télémaque* à 0,95 c. R.

P. 8ᵉ. On demande le prix de 5.132 douzaines de planches à 38 fr. la douzaine. R.

P. 9ᵉ. Quel est le nombre qui égale 0,45 répété 32 fois ? R.

P. 10ᵉ. Trouver combien font 17 fois 7.649 fr. 50 c. R.

51ᵉ EXERCICE.

P. 1ᵉʳ. Un élève gagne 10 bons points par jour ; combien en gagnera-t-il en 30 jours ? R.

P. 2ᵉ. A combien se montent 95 mètres carrés de maçonnerie à raison de 15 f. le mètre ? R.

P. 3ᵉ. Quel est le nombre qui égale 27 additionné 130 fois ? R.

P. 4ᵉ. Quel est le prix de 9 kilog. de bœuf à 1 fr. 20 c. le kilog. ? R.

P. 5ᵉ. Un vitrier a posé 8 carreaux de verre à 0,55 c. l'un ; quel est le prix de son travail ? R.

P. 6ᵉ. Quel est le prix de 665 mètres de toile à raison de 2 fr. 05 c. le mètre ? R.

P. 7ᵉ. Le stère de bois vaut 18 fr.; combien vaudront 768 stères ? R.

P. 8ᵉ. Que faut-il payer pour 567 mètres de calicot à 1 fr. 25 le mètre ? R.

P. 9ᵉ. Une roue tourne 2.500 tours à l'heure ; combien fait-elle de tours en 24 heures ? R.

P. 10ᵉ. Combien un enfant de 10 ans a-t-il vécu de jours,

d'heures, de minutes, de secondes? R.

jours, heures, minutes, secondes.

52ᵉ EXERCICE.

P. 1ᵉʳ. Quel est le produit de 15 par 0,5.407? R.

P. 2ᵉ. Faire la facture de 17ᵐ,50 de cotting à 6 fr. 40 c. le mètre. R.

P. 3ᵉ. Quel est le nombre 15 fois aussi grand que 67,50 ? R.

P. 4ᵉ. Une classe a 8 bancs dont chacun reçoit 10 élèves ; combien peut-elle contenir d'élèves? R.

P. 5ᵉ. Une église a 45 croisées de 8 carreaux chacune ; combien a-t-elle de carreaux? R.

P. 6ᵉ. Une roue fait 40 tours à la minute ; combien en fait-elle en 24 heures? R.

P. 7ᵉ. On veut additionner 140 nombres égaux à 10.000; quelle sera la somme? R.

P. 8ᵉ. Un élève occupe une place de 0ᵐ,50 ; combien 90 élèves occuperont-ils de place? R.

P. 9ᵉ. Un quinquet consume pour 0,38 c. d'huile chaque soir; pour combien en consumera-t-il en un mois? R.

P. 10ᵉ. Il y a 25 feuilles de papier dans une main et 20 mains dans une rame; combien la rame contient-elle de feuilles? R.

Problèmes combinés sur l'addition et la soustraction.

53ᵉ EXERCICE.

L'élève disposera ses opérations et ses indications de la manière suivante :

J'ai 15 jetons dans une main et 17 dans l'autre ; je les réunis et j'en donne 8 ; combien m'en reste-t-il ? R. 24.

Exemple.

Opérations.		Indications.
15	32	$15 \times 17 = 32$
17	8	$32 - 8 = 24$
32	24	

Donc il me reste encore 24 jetons.

P. 1ᵉʳ. On a fait deux emprunts : le premier est de 2.400 fr. 50 c. ; quel est le second, sachant que pour s'acquitter on a donné un billet de 8.500 fr. et 5.740 fr. en argent ? R.

P. 2ᵉ. Un cuisinier a acheté pour 8 fr. 25 c. de viande, 15 fr. 90 c. de volailles, 6 fr. de fruits, 3 fr. 50 c. de légumes et 5 fr. de beurre ; il a reçu 40 fr. 50 c. ; que lui reste-t-il ? R.

54ᵉ EXERCICE.

P. 1ᵉʳ. Un berger garde 142 moutons et 25 chèvres ; les loups viennent la nuit et dévorent 21 moutons et 8 chèvres ; combien compte-t-on encore de têtes dans son troupeau ? R.

P. 2ᵉ. Huit ouvriers ont reçu en trois jours 1.458 fr. ; le

premier jour ils ont dépensé 125 fr., le deuxième
145 fr. et le troisième 208 fr.; on demande leur
bénéfice. R.

55ᵉ EXERCICE.

P. 1ᵉʳ. Dans une commune de 1.945 âmes, il survient une
épidémie et l'on compte, le premier jour 145, le
deuxième 425 et le troisième 97 décès; à quel
chiffre est réduite la population de cette commune? R.

P. 2ᵉ. Un payeur avait ce matin en caisse 12.643 fr., il a
payé depuis un billet de 3.967 fr. et une traite
de 1.200 fr.; que lui reste-t-il? R.

56ᵉ EXERCICE.

P. 1ᵉʳ. Trois pièces de vin qu'on avait payées 271 fr. 25 c.
ont été vendues, la première 97 fr., la deuxième
105 fr. 50 c., la troisième 109 fr.; quel était le
bénéfice? R.

P. 2ᵉ. Un fort contient 125 hommes d'artillerie et 1.425
hommes d'infanterie; on ordonne une sortie de
140 hommes d'infanterie et de 65 d'artillerie;
par combien d'hommes le fort reste-t-il gardé?
R.

57ᵉ EXERCICE.

P. 1ᵉʳ. Sur 945 fr. 50 c., on a successivement payé
164 fr. 89 c. et 494 fr. 25 c.; que doit-on?
R.

P. 2ᵉ. Combien me reste-t-il, sachant que j'ai reçu de

mon père 15 fr. 25 c., de ma mère 11 fr. 40 c., et qu'ils m'ont permis d'acheter pour 18 fr. 70 c. de livres? R.

58ᵉ EXERCICE.

P. 1ᵉʳ. Combien redoit une personne qui a donné deux billets, l'un de 3.450 fr., l'autre de 1.512 fr., sur un compte de 12.679 fr. 75 c.? R.

P. 2ᵉ. On a fait trois envois de marchandises, s'élevant ensemble à 21.540 fr.; le premier a été de 6.740 fr., le second de 9.874 fr. 50 c.; de combien était le troisième? R.

59ᵉ EXERCICE.

P. 1ᵉʳ. Quatre frères ont ensemble 65 ans : le premier a 26 ans, le deuxième 19 ans, le troisième 15 ans; quel est l'âge du quatrième? R.

P. 2ᵉ. On doit additionner 5 nombres qui font en somme 25.675 fr. 91 c. : le premier est 918,16, le second 19.647,20; quel est le troisième? R.

60ᵉ EXERCICE.

P. 1ᵉʳ. Combien doit-il être rendu sur un billet de 1.000 avec lequel on a payé deux factures, dont l'une de 150 fr. et l'autre de 727 fr.? R.

P. 2ᵉ. Un instituteur divise ses élèves en trois classes contenant, la première 25, la deuxième 30 et la troisième 40 élèves; il en sort 4 de la première et 9 de la deuxième qui entrent dans la troisième; combien a-t-il d'élèves dans chaque classe? R.

DIVISION.

38. La *division* est un cas particulier de la soustraction qui a pour but de simplifier l'opération lorsqu'on a plusieurs fois la même quantité à soustraire d'une autre ;

Ou bien, la *division* a pour but de trouver un nombre appelé *quotient,* qui, multiplié par le *diviseur*, reproduise le *dividende*.

39. Le *dividende* est le nombre que l'on divise.

40. Le *diviseur* est le nombre par lequel on divise.

41. Le *quotient* est le résultat de la division.

42. Quand le dividende n'a qu'un ou deux chiffres et le diviseur un seul, on trouve le quotient au moyen de la *table de division*.

61ᵉ EXERCICE.

TABLEAU DE LA DIVISION OU EXERCICE DE CALCUL MENTAL.

En 2, combien de fois 2 ? 1 fois.
En 3, combien de fois 2 ? 1 fois, reste 1.
En 4, combien de fois 2 ? 2 fois.
En 5, combien de fois 2 ? 2 fois, reste 1.
En 6, combien de fois 2 ? 3 fois.
En 7, combien de fois 2 ? 3 fois, reste 1.
En 8, combien de fois 2 ? 4 fois.
En 9, combien de fois 2 ? 4 fois, reste 1.
En 10, combien de fois 2 ? 5 fois.

43. Pour diviser deux *nombres entiers* l'un par l'autre, on écrit le diviseur à la droite du dividende, en les séparant par un trait vertical ; on souligne le diviseur, au dessous duquel on placera les chiffres du quotient ; puis on prend sur la gauche du dividende autant de chiffres qu'il en faut pour contenir le diviseur : on obtient ainsi un premier dividende partiel.

On cherche combien de fois le premier chiffre du diviseur est contenu dans le premier ou les deux premiers chiffres de ce dividende partiel, et l'on écrit au quotient ce nombre de fois, qui ne doit jamais dépasser 9. A la droite du reste, on abaisse le chiffre suivant du dividende, ce qui donne un second dividende partiel. On opère sur ce second dividende partiel comme sur le premier, et l'on continue la même série d'opérations jusqu'à ce que tous les chiffres du dividende aient été abaissés.

Si un dividende partiel est plus faible que le diviseur, on écrit un zéro au quotient, et l'on continue l'opération en abaissant à la droite du dividende partiel le chiffre suivant du dividende total.

Exemple.

$$
\begin{array}{r|l}
1234567890 & 2 \\ \cline{2-2}
03 & 617.283.945 \\
14 \\
05 \\
16 \\
07 \\
18 \\
09 \\
10 \\
00 \\
\end{array}
$$

2345678901 : 2 =
3456789012 : 2 =
4567890123 : 2 =
5678901234 : 2 =
6789012345 : 2 =
7890123456 : 2 =
8901234567 : 2 =
9012345678 : 2 =

62⁰

Calcul mental.

En 3, combien de fois 3 ?   1 fois.
En 4, combien de fois 3 ?   1 fois, reste 1.
En 5, combien de fois 3 ?   1 fois, reste 2.
En 6, combien de fois 3 ?   2 fois.
En 7, combien de fois 3 ?   2 fois, reste 1.
En 8, combien de fois 3 ?   2 fois, reste 2.
En 9, combien de fois 3 ?   3 fois.
En 10, combien de fois 3 ?   3 fois, reste 1.

63ᵉ

Calcul mental.

En 4, combien de fois 4 ?   1 fois.
En 5, combien de fois 4 ?   1 fois, reste 1.
En 6, combien de fois 4 ?   1 fois, reste 2.
En 7, combien de fois 4 ?   1 fois, reste 3.
En 8, combien de fois 4 ?   2 fois.
En 9, combien de fois 4 ?   2 fois, reste 1.
En 10, combien de fois 4 ?   2 fois, reste 2.

64ᵉ

Calcul mental.

En 5, combien de fois 5 ?   1 fois.
En 6, combien de fois 5 ?   1 fois, reste 1.
En 7, combien de fois 5 ?   1 fois, reste 2.
En 8, combien de fois 5 ?   1 fois, reste 3.

EXERCICE.

Calcul écrit.

1234567890 : 3=
2345678901 : 3=
3456789012 : 3=
4567890123 : 3=
5678901234 : 3=
6789012345 : 3=
7890123456 : 3=
8901234567 : 3=
9012345678 : 3=

EXERCICE.

Calcul écrit.

1234567890 : 4=
2345678901 : 4=
3456789012 : 4=
4567898123 : 4=
5678901254 : 4=
6789012345 : 4=
7890123456 : 4=
8901234567 : 4=
9012345678 : 4=

EXERCICE.

Calcul écrit.

1234567890 : 5=
2345678901 : 5=
3456789012 : 5=
4567890123 : 5=

En 9, combien de fois 5 ?   1 fois, reste 4.
En 10, combien de fois 5 ?   2 fois.

65ᵉ

Calcul mental.

En 6, combien de fois 6 ?   1 fois.
En 7, combien de fois 6 ?   1 fois, reste 1.
En 8, combien de fois 6 ?   1 fois, reste 2.
En 9, combien de fois 6 ?   1 fois, reste 5.
En 10, combien de fois 6 ?   1 fois, reste 4.

66ᵉ

Calcul mental.

En 7, combien de fois 7 ?   1 fois.
En 8, combien de fois 7 ?   1 fois, reste 1.
En 9, combien de fois 7 ?   1 fois, reste 2.
En 10, combien de fois 7 ?   1 fois, reste 3.

5678901234 : 5=
6789012345 : 5=
7890123456 : 5=
8901234567 : 5=
9012345678 : 5=

EXERCICE.

Calcul écrit.

1234567890 : 6=
2345678901 : 6=
3456789012 : 6=
4567890123 : 6=
5678901234 : 6=
6789012345 : 6=
7890123456 : 6=
8901234567 : 6=
9012345678 : 6=

EXERCICE.

Calcul écrit.

1234567890 : 7=
2345678901 : 7=
3456789012 : 7=
4567890123 : 7=
5678901234 : 7=
6789012345 : 7=
7890123456 : 7=
8901234567 : 7=
9012345678 : 7=

67ᵉ

Calcul mental.

En 8, combien de fois 8 ? 1 fois.
En 9, combien de fois 8 ? 1 fois, reste 1.
En 10, combien de fois 8 ? 1 fois, reste 2.

68ᵉ

Calcul mental.

En, 9 combien de fois 9 ? 1 fois.
En, 10 combien de fois 9 ? 1 fois, reste 1.

EXERCICE.

Calcul écrit.

$$1234567890 : 8 =$$
$$2345678901 : 8 =$$
$$2456789012 : 8 =$$
$$4567890123 : 8 =$$
$$5678901234 : 8 =$$
$$6789012345 : 8 =$$
$$7890123456 : 8 =$$
$$8901234567 : 8 =$$
$$9012345678 : 8 =$$

EXERCICE.

Calcul écrit.

$$1234567890 : 9 =$$
$$2345678901 : 9 =$$
$$3456789012 : 9 =$$
$$4567890123 : 9 =$$
$$5678901234 : 9 =$$
$$6789012345 : 9 =$$
$$7890123456 : 9 =$$
$$8901234567 : 9 =$$
$$9012345678 : 9 =$$

44. RAISONNEMENT. — En vertu de la définition de la division, le diviseur et le quotient ne
sont autre chose que les deux facteurs d'un
produit qu'on appelle *dividende*. Le diviseur,
par exemple, sert de multiplicande, et le quo-

tient de multiplicateur. Le produit d'une multiplication contient autant de produits partiels
qu'il y a de chiffres au multiplicateur. Or, dans
la division, le diviseur sert de multiplicande et
le quotient de multiplicateur (la division est
une opération inverse de la multiplication). Il
y aura donc autant de produits partiels dans le
dividende qu'il y aura de chiffres au quotient.

Soit par exemple **120.509** à diviser par
2.564.

Exemple.

120509	2564
17949	47
0001	
	17948
	102561
	120509

Combien le quotient contient-il de chiffres ?
Multiplions **2.564** par **10**, le plus petit nombre
qui ait deux chiffres : le nouveau diviseur **25.640**
peut être soustrait plus de neuf fois du dividende ; donc il y a au moins deux chiffres au
quotient : 1° celui des dizaines, 2° celui des
unités. Multiplions encore le nouveau diviseur

par **10** : le diviseur **256.400** est plus fort que le dividende ; donc il n'y aura pas de centaines au quotient. Le quotient contient deux chiffres, et par conséquent le dividende ou produit contient deux produits partiels, savoir : le produit du diviseur par les dizaines du quotient, et le produit du diviseur par les unités du quotient. Le premier de ces deux produits, celui des dizaines, où se trouve-t-il ? En multipliant **2.564** par des dizaines, on obtient au produit au moins des dizaines ; donc le produit partiel du diviseur par les dizaines du quotient se trouve dans les dizaines du dividende ou dans **1.250** ; donc la question est ramenée à chercher combien de fois le produit partiel contient le diviseur. On trouve **4** dizaines au quotient ; on soustrait du dividende le produit du diviseur par **4** dizaines, et l'on a pour reste **17.948**. Ce reste ne contient qu'un seul produit partiel, le produit du diviseur par les unités du quotient. On cherche combien de fois le diviseur est contenu dans ce produit partiel, et l'on trouve **7** pour le chiffre des unités. On multiplie le diviseur **7**, on soustrait le produit du premier reste, et l'on a pour second reste l'unité.

45. La preuve de la division se fait en multipliant le diviseur par le quotient, on obtient les produits partiels que l'on a déjà eus dans la division. Ces produits, plus le dernier reste, donnent le dividende.

69ᵉ EXERCICE.

L'élève présentera règles et preuves sur cahier.

Exemple.

```
1254567890 | 23
       84  |
      155  |  55676864,78
      176  |  23
       157 |
        198|  16103059434
         149|  10735372956
          110           6
           80
          190   123.567890,00
            6
```

2345678901 : 23 =
3456789012 : 23 =
4567890123 : 23 =
5678901234 : 23 =
6789012345 : 23 =
7890123456 : 23 =
8901234567 : 23 =
9012345678 : 23 =

70ᵉ EXERCICE.

1234567890 : 234 =
2345678901 : 234 =
3456789012 : 234 =
4567890123 : 234 =
5678901234 : 234 =
6789012345 : 234 =
7890123456 : 234 =
8901234567 : 234 =
9012345678 : 234 =

71ᵉ EXERCICE.

1234567890 : 2345 =
2345678901 : 2345 =
3456789012 : 2345 =
4567890123 : 2345 =
5678901234 : 2345 =

72ᵉ EXERCICE.

6789012345 : 2345 =
7890123456 : 2345 =
8901234567 : 2345 =
9012345678 : 2345 =

46. Un chiffre au quotient est *trop fort* quand le produit du diviseur par ce chiffre est plus fort que le dividende partiel.

47. Il est *trop faible* quand le reste obtenu contient encore le diviseur.

b...

48. Il est *exact* quand le reste est plus petit que le diviseur.

49. Pour éviter les *tâtonnements* :

1° On augmente le premier chiffre du diviseur d'une unité par la pensée quand le second chiffre du diviseur surpasse 5 ;

2° On néglige un même nombre de chiffres sur la droite du dividende et du diviseur.

50. On commence la division par la droite, parce qu'il est impossible de mettre en évidence le dividende partiel qui renferme le produit du diviseur par les unités du quotient.

51. Le quotient étant toujours de même nature que le dividende, on obtiendra des *dixièmes*, des *centièmes*, des *millièmes* au quotient en convertissant le reste de la division en *dixièmes*, *centièmes*, *millièmes*, ce qui se fait en écrivant un zéro à la droite de chaque nouveau reste et en continuant l'opération comme avant.

75° EXERCICE.

1234567890 : 23456=
2345678901 : 23456=
3456789012 : 23456=
4567890123 : 23456=
5678901234 : 23456=

74ᵉ EXERCICE.

6789012345 : 23456=
7890123456 : 23456=
8901234567 : 23456=
9012345678 : 23456=

52. Si le *dividende* est un *nombre décimal*, il faut mettre une virgule au quotient aussitôt que le premier chiffre décimal fera partie du dividende partiel.

Exemple.

Soit 12345678,90 à diviser par 234567

12345678,90	234567
627328	52,63
1581949	
1745470	
104201	

75ᵉ EXERCICE.

2345678,901 : 234567=
545678,9012 : 234567=
45678,90123 : 234567=
5678,901234 : 234567=

76ᵉ EXERCICE.

678,9012345 : 234567=
78,90123456 : 234567=
8,901234567 : 234567=
0,9012345678 : 234567=

53. Si le *diviseur* est un *nombre décimal*, il faut ajouter par compensation autant de zéros à la droite du dividende qu'il y a de chiffres décimaux dans le diviseur, effacer la virgule et effectuer la division comme dans les nombres entiers.

Exemple.

Soit 1234567890 : 234567,8

12345678900	2345678
6172889	5263,16
14815330	
7412620	
3755860	
14101820	
057752	

77ᶜ EXERCICE.

2345678901 : 23456,78 =
3456789012 : 2345,678 =

78ᶜ EXERCICE.

4567890123 : 234,5678 =
5678901234 : 23,45678 =
6789012345 : 2,345678 =

79e EXERCICE.

7890123456 : 0,2345678=
8901234567 : 0,02345678=
9012345678 : 0,002345678=

54. S'il arrivait que le *dividende* et le *diviseur* fussent deux *nombres décimaux*, on égaliserait par des zéros le nombre des décimales, on supprimerait les virgules, et on opèrerait comme dans les nombres entiers.

Exemple.

Soit 12345678,90 : 23,456789

12345678900000	23456789
61728440	526.315,80
148148620	
74078860	
37084930	
136281410	
189974650	
23203380	

80e EXERCICE.

2345678,901 : 234,56789=
345678,9012 : 2345,6789=

81° EXERCICE.

$$45678,90123 : 23456,789=$$
$$5678,901234 : 23456,789=$$
$$67890,12345 : 23456,789=$$

82° EXERCICE.

$$789012,3456 : 2345,6789=$$
$$8901234,567 : 234,56789=$$
$$90123456,78 : 23,456789=$$

55. Si le *dividende* seulement est terminé par des *zéros*, on n'en tient pas compte dans la division, et on les ajoute à la suite du quotient.

56. Si le diviseur seulement est terminé par des *zéros*, on les efface, et on sépare par une virgule à la droite du dividende autant de chiffres que le diviseur contient de zéros.

57. Si le *dividende* et le *diviseur* sont terminés par des *zéros*, on en supprime une même quantité dans les deux nombres, et l'on rentre dans le second cas si le diviseur contenait plus de zéros que le dividende.

83° EXERCICE.

$$3600 : 60=$$
$$72,0.00 : 1200=$$
$$120 : 30=$$

$$4000 : 250 =$$
$$8100 : 300 =$$
$$32400 : 4000 =$$
$$7700 : 110 =$$
$$250700 : 7690 =$$
$$6160 : 80 =$$
$$8000 : 200 =$$

58. Pour diviser un nombre par **10, 100, 1.000**, il suffit de séparer par une virgule sur la droite de ce nombre autant de chiffres qu'il y a de zéros dans 10, 100, 1.000, si c'est un nombre entier, et de reculer la virgule d'un, deux, trois rangs vers la gauche si c'est un nombre décimal. (Voir la *Numération*, 1er vol., p. 36.)

84e EXERCICE.

$$479 : 10 =$$
$$4 : 100 =$$
$$6 : 1000 =$$
$$245 : 10 =$$
$$3,5 : 100 =$$
$$7,04 : 1000 =$$
$$456 : 100 =$$
$$5,7 : 1000 =$$
$$741 : 100 =$$

59. Le dividende est le produit du diviseur par le quotient ; donc, si l'on multiplie ou si l'on

divise le dividende, on multiplie ou l'on divise le quotient.

60. Si l'on multiplie ou si l'on divise le diviseur, on divise ou l'on multiplie le quotient.

61. Si l'on multiplie ou si l'on divise à la fois par le même nombre le dividende et le diviseur, le quotient ne change pas.

PREUVE DE LA MULTIPLICATION PAR LA DIVISION.

62. On fait la preuve de la multiplication par la division en divisant le produit par l'un des facteurs ; le quotient donnera l'autre facteur. Cette preuve est fondée sur la définition de la division.

Exemple.

$$
\begin{array}{r}
14 \\
12 \\
\hline
28 \\
14 \\
\hline
168
\end{array}
\qquad
\begin{array}{r|l}
168 & 12 \\
48 & \overline{14} \\
0 &
\end{array}
$$

PREUVE DE LA MULTIPLICATION ET DE LA DIVISION PAR 9.

63. Pour faire la *preuve de la multiplication par* 9, on additionne tous les chiffres du mul-

tiplicande, excepté les **9**, s'il s'en trouve ; on soustrait, au fur et à mesure de la somme, le nombre 9, et on écrit le reste ; on opère de même sur le multiplicateur, sur le produit et sur le produit du reste du multiplicande par le reste du multiplicateur. Le reste du multiplicande s'écrit dessus, le reste du multiplicateur dessous, le reste du produit à gauche, le dernier reste à droite ; si l'opération est exacte, le chiffre de droite et le chiffre de gauche sont les mêmes.

Exemple.

$$
\begin{array}{r}
7\,925 \\
204 \\
\hline
31700 \\
158500 \\
\hline
1616700
\end{array}
\qquad
\begin{array}{c}
5 \\
3 \;\rule[0.5ex]{1em}{0.4pt}\Big|\rule[0.5ex]{1em}{0.4pt}\; 3 \\
6
\end{array}
$$

64. Si la *division* n'a pas de reste, la *preuve par* 9 se fait comme dans la multiplication, puisque la division peut être considérée comme une multiplication ; si elle a un reste, on le considère comme faisant suite au dividende, et on le soumet à la même opération.

c

Exemple.

$$
\begin{array}{c|c}
5000 \ ^{315} & 365 \\
1350 & \overline{13,69} \\
2550 & \\
3600 & \\
315 &
\end{array}
$$

$$
\begin{array}{ccc}
 & 5 & \\
5 & \!\!\!\! + \!\!\!\! & 5 \\
 & 1 &
\end{array}
$$

DIVISIBILITÉ DES NOMBRES.

65. Un nombre est *divisible :*

Par 2, quand il est terminé par un des chiffres 2, 4, 6, 8, 0 ;

Par 3, quand la somme de ses chiffres considérés isolément est divisible par 3 ;

Par 4, quand le nombre formé par ses deux derniers chiffres est divisible par 4 ;

Par 5, quand son dernier chiffre est 0 ou 5 ;

Par 6, quand il est divisible par 2 et par 3 ;

Par 9, quand la somme de ses chiffres considérés isolément est divisible par 9 ;

Par 10, quand il est terminé par un zéro.

66. Les différents *usages de la division* sont :

1° De trouver combien de fois un nombre est contenu dans un autre : *Combien y a-t-il de pièces de 5 fr. dans 20 fr.? R. 4 pièces de 5 fr.*

2° De partager un nombre en autant de parties égales qu'il y a d'unités dans un nombre donné : *Partager 24 fr. entre 6 personnes. R. 4 fr.*

3° De trouver le facteur inconnu d'un produit quand on connaît ce produit et l'autre facteur : *Quel est le nombre qui, multiplié par 5, donne 20 ? R. 4.*

4° De trouver le prix d'un objet connaissant le prix de plusieurs : *10 mètres de drap ont coûté 20 fr.; quel est le prix du mètre ? R. 2 fr.*

5° De trouver combien on aura d'objets pour une somme donnée quand on connaît le prix d'un objet : *Combien aura-t-on de volumes de 8 fr. pour 40 fr.? R. 5 volumes.*

6° De réduire des unités inférieures en unités supérieures : *Combien y a-t-il de jours dans 48 heures ? R. 2 jours.*

Problèmes simples sur la division.

85ᵉ EXERCICE.

Dans une distribution de 1.288 bons points à 8 élèves, quelle sera la part de chacun? R. 161 bons points.

Exemple.

OPÉRATIONS.

Règle.

```
1288 |8
  48 |‾‾‾‾‾‾‾‾‾‾‾
  08 |161 quotient.
   0 |‾‾‾‾‾‾‾‾‾‾‾
     |1288 preuve.
```

Solution. — Il faut faire une division parce que cette question revient à cet usage de la division : *Partager un nombre en autant de parties égales qu'il y a d'unités dans un nombre donné :*

$$1.288 : 8 = 161$$
Preuve : $8 \times 161 = 1.288$

P. 1ᵉʳ. Un mètre d'étoffe coûte 5 fr. 50 c. ; combien en aura-t-on pour 110 fr.? R.

P. 2ᵉ. Combien faudrait-il fournir de mètres de calicot à 2 fr. 50 c. le mètre pour 223 fr. 75 c. ? R.

P. 3ᵉ. Quel est le résultat d'un partage de 1.847 fr. entre 103 personnes? R.

P. 4ᵉ. Un enfant reçoit 0,25 c. toutes les fois qu'il apporte 1 bon point à sa mère ; combien devra-t-il en apporter pour avoir 100 f.? R.

P. 5ᵉ. On a payé 35 fr. 07 c. pour 167 fagots de bois ; on demande le prix de chaque fagot. R.

P. 6ᵉ. Combien un billet de 1.000 fr. vaut-il de pièces de 20 fr. ? R.

P. 7ᵉ. Une pièce de soie de 35ᵐ,50 a coûté 567 fr. 67 c. ; quel est le prix du mètre ? R.

P. 8ᵉ. Le nombre 2.450 est le produit de deux facteurs, dont l'un est 49 ; quel est l'autre facteur ? R.

P. 9ᵉ. 48 ouvriers ont gagné 8.673 fr. 6 c. ; quelle est la part de chacun ? R.

P. 10ᵉ. Quel est le nombre qui, multiplié par 271, a donné pour produit 5.962 ? R.

86ᵉ EXERCICE.

P. 1ᵉʳ. Une plantation de 78 arbres a coûté 549 fr. 44 c.; combien chaque arbre a-t-il été estimé ? R.

P. 2ᶜ. Combien de fois pourrait-on soustraire 345 de 34.845 ? R. 101.

P. 3ᵉ. Il ne reste plus que 388 cartouches à 194 soldats assiégés ; combien en revient-il à chacun ? R.

P. 4ᵉ. Un instituteur a distribué 72 bons points, chaque élève en a reçu 3 ; combien avait-il d'élèves ? R.

P. 5ᵉ. Que gagne par jour la domestique qui a 266 fr. 45 c. de gages par an ? R.   (année de 365 jours).

P. 6ᵉ. En vingt-quatre heures, un courrier a parcouru 96 kilom.; combien fait-il de kilom. par heure ? R.

P. 7ᵉ. Partager 796 fr. 5, en 15 parties égales. R.

P. 8e. Quel est le nombre 11 fois plus petit que 121 ? R.

P. 9e. On a payé 639 fr. pour 36 mètres de drap; quel est le prix du mètre ? R.

P. 10e. 100 pièces de vin coûtent 8.900 fr.; combien coûtera la pièce ? R.

87e EXERCICE.

P. 1er. Combien de fois le nombre 97 est-il contenu dans 873 ? R.

P. 2e. Quel est le prix d'un chapeau quand la douzaine coûte 132 fr.? R.

P. 3e. A combien revient le mètre de ruban quand 100 mètres coûtent 125 fr. ? R.

P. 4e. Un dîner de 25 personnes a coûté 225 fr.; combien a-t-on donné par personne? R.

P. 5e. 135 pièces de vin ont coûté 6.750 fr.; quel est le prix d'une pièce? R.

P. 6e. Quand on paie 18 fr. 60 litres de vin, à combien revient le litre? R.

P. 7e. Un ouvrier a fait 1.500 m. d'étoffe en 300 jours; combien en a-t-il fait par jour? R.

P. 8e. Combien gagne par jour l'employé qui a 897 fr. 90 c. de gages (année de 365 jours)? R.

P. 9e. On a payé 212 fr. 75 c. pour 23 douzaines de bonnets; quel est le prix de la douzaine? R.

P. 10e. 43 volumes ont coûté 101 fr. 5; quel est le prix du volume? R.

88ᵉ EXERCICE.

P. 1ᵉʳ. Quel est le nombre qui, multiplié par 964, produirait 482 ? R.

P. 2ᵉ. Combien 56.500 jours font-ils d'années (année de 365 jours ? R.

P. 3ᵉ. Si 144 plumes coûtent 5 fr. 60 c., quel sera le prix d'une plume ? R.

P. 4ᵉ. J'ai payé 165 fr. 10 stères de bois ; à combien revient le stère ? R.

P. 5ᵉ. S'il entre 396 lettres dans 9 lignes, combien en entrera-t-il dans une seule ? R.

P. 6ᵉ. 100 fr. rapportent 5 fr. d'intérêt ; combien 1 fr. rapportera-t-il ? R.

P. 7ᵉ. Quel est le prix d'une rame de papier quand 20 rames coûtent 110 fr. ? R.

P. 8ᵉ. Le produit 6.250 a pour facteur 50 ; quel est l'autre facteur ? R.

P. 9ᵉ. Quel est le quotient de 65 par 0,05 ? R.

P. 10ᵉ. 240 litres de vin coûtent 79 fr. 20 c. ; à combien revient le litre ? R.

Suite des problèmes combinés sur l'addition et la soustraction.

(Voir l'exemple, page 50, pour la disposition des opérations et des indications.)

89ᵉ EXERCICE.

P. 1ᵉʳ. Trois frères font un héritage de 16.964 f. ; le premier a droit à 8.000 fr., le second à 5.050 fr.; quelle est la part du troisième? R.

P. 2ᵉ. Un entrepreneur présente un mémoire de 19.540 fr. 25 c.; on lui fait deux réductions, l'une de 425 fr. 60 c., l'autre de 900 fr.; combien a-t-il reçu? R.

90ᵉ EXERCICE.

P. 1ᵉʳ. Édouard a 150 billes; si son frère aîné lui prête les siennes, il en a 517; si au contraire son frère cadet a cette même obligeance, il en a 211; combien en ont-ils chacun? combien en ont-ils entre eux? R. Le 1ᵉʳ   , le 2ᵉ   , le 5ᵉ   ; total :

P. 2ᵉ. Un négociant a dépensé dans le premier trimestre 27.640 fr., dans le second 30.914 fr. 25 c., dans le troisième 21.511 fr., et dans le quatrième 40.616 fr.; il a reçu 109.614 fr.; que lui reste-t-il, sachant qu'il avait en caisse 70.914 fr.? R.

91ᵉ EXERCICE.

P. 1ᵉʳ. Que reste-t-il d'une pièce de vin de 230 litres de laquelle on a pris 100 litres, 65 litres et 45 litres? R.

P. 2ᵉ. Un tailleur vend 30 fr. un pantalon qui lui a coûté la levée 16 fr. 50 c., la façon 3 fr. 25 c., et la coupe 0,75 c.; quel est son bénéfice? R.

92ᵉ EXERCICE.

P. 1ᵉʳ. On a pris 45 mètres plus 2ᵐ,50 plus 9ᵐ,25 plus 16ᵐ,95 à une pièce de 90 mètres; que reste-t-il ? R.

P. 2ᵉ. J'avais un capital de 82.508 fr., mais j'ai perdu successivement 3.010 f., 16.572 f. et 463 f. 92 c.; à combien ma fortune est-elle réduite ? R.

93ᵉ EXERCICE.

P. 1ᵉʳ. Une personne sort de chez elle avec 1.745 fr. en pièces d'argent et 6.847 fr. en pièces d'or; dans son trajet elle dépense 8.425 fr.; on demande ce qui lui reste. R.

P. 2ᵉ. Telle personne qui a une pension de 2.000 f. paie à son hôtelier 698 f. 50 c., à son tailleur 287 f. 25 c., à son bottier 79 f. 75 c., et pour ses distractions 310 fr.; quelles sont ses économies ? R.

94ᵉ EXERCICE.

P. 1ᵉʳ. Une armée de 21.564 hommes reçoit 3 coups de feu qui tuent, le premier 125 hommes, le second 469 hommes et le troisième 1.281 hommes; de combien d'hommes reste-t-elle composée ? R.

P. 2ᵉ. Quel est le nombre qui, soustrait de 9.645, a pour reste 3.647 plus 14,50 ? R.

c.

95ᵉ EXERCICE.

P. 1ᵉʳ. J'ai 18 fr., je vais en recevoir 112; combien me manquera-t-il pour payer un compte de 241 fr.?
R.

P. 2ᵉ. Deux engrenages ont, l'un 168 dents, l'autre 42; on change le second contre un autre qui en a 84 de plus, et on demande la différence de dents.
R.

96ᵉ EXERCICE.

P. 1ᵉʳ. On a mis deux robinets à un tonneau de la contenance de 210 litres; le premier robinet a donné 49 litres, le second en a donné 105; on demande ce qu'il reste dans le tonneau. R.

P. 2ᵉ. Un enfant avait 54 billes, mais il joue : la première partie il en gagne 9, la seconde il en perd 21, la troisième il en gagne 4, la quatrième il en perd 25; on demande ce qui lui reste. R.

SYSTÈME MÉTRIQUE.

67. Le *système des poids et mesures métriques* est l'ensemble des poids et mesures qui dérivent du mètre. On l'appelle aussi *système légal* parce que c'est le seul que les lois autorisent en France.

68. Les *principales unités métriques* sont :

Le *mètre,* pour les longueurs ;

L'*are,* pour les surfaces ;

Le *stère* ou *mètre cube,* pour les volumes;

Le *litre,* pour les liquides, pour les grains ;

Le *gramme,* pour les poids ;

Le *franc,* pour les monnaies.

69. Le *mètre* est l'unité des mesures de longueur et la dix-millionième partie du quart du méridien terrestre.

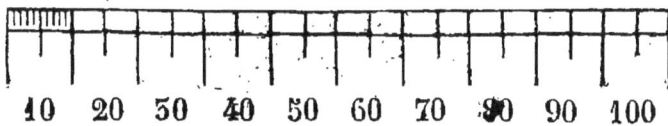

10	20	30	40	50	60	70	80	90	100

70. L'*are* est l'unité des mesures de superficie. Il dérive du mètre en ce qu'il est un carré de dix mètres de côté.

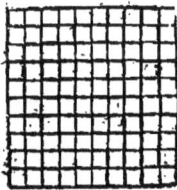

71. Le *stère* est l'unité des mesures de volume. Il dérive du mètre en ce qu'il est un cube dont chaque face est un mètre carré.

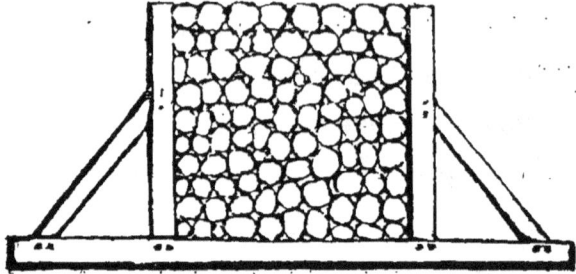

72. Le *litre* est l'unité des mesures de capacité. Il dérive du mètre en ce qu'il a sous une forme cylindrique le contenu d'un décimètre cube d'eau distillée et ramenée à son maximum de densité.

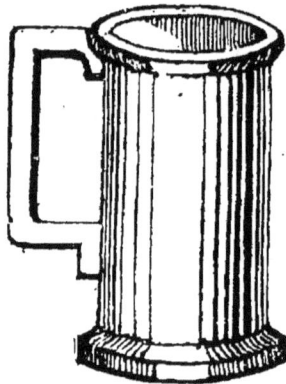

73. Le *gramme* est l'unité des mesures de poids. Il dérive du mètre en ce qu'il est le poids d'un centimètre cube d'eau distillée et ramenée à son maximum de densité.

74. Le *franc* est l'unité des mesures de monnaie. Il dérive du mètre en ce qu'il pèse 5 grammes.

75. Les *multiples des unités métriques* s'obtiennent en plaçant devant le nom de l'unité les mots :

Déca,	qui signifie	10
Hecto,	id.	100
Kilo,	id.	1.000
Myria,	id.	10.000

76. Les *sous-multiples des unités métriques* s'obtiennent en plaçant devant le nom de l'unité les mots :

Déci,	qui signifie	0,1
Centi,	id.	0,01
Milli,	id.	0,001

77. Il y a deux sortes de mesures métriques : les *mesures mathématiques*, qui ne sont en usage que dans le calcul, comme le myriamètre, le kilomètre, l'hectomètre ; et les *mesures effectives*, qui existent matériellement, comme le décamètre, le mètre, le centimètre, le millimètre.

TABLEAU SYNOPTIQUE DES POIDS ET MESURES MÉTRIQUES.

MULTIPLES.			UNITÉS PRINCI-PALES.	SOUS-MULTIPLES.		
Myriamètre.	Kilomètre.	Hectomètre.	Décamètre.	**MÈTRE.**	Décimètre.	Centimètre.	Millimètre.
		Hectare.	Décastère.	**ARE.**	Centiare ou mètre carré.		
				STÈRE.	Décistère, ou dixième partie du stère.		
	Kilolitre.	Hectolitre.	Décalitre.	**LITRE.**	Décilitre.	Centilitre.	Millilitre.
Myriagramme Kilogramme.		Hectogramme Décagramme.		**GRAMME.**	Décigramme.	Centigramme	Milligramme.
				FRANC.	Décime.	Centime.	Millième.

Réduire en unités simples les expressions métriques suivantes.

97ᵉ EXERCICE.

70 hectolitres =

250 décalitres =

14 kilolitres =

92 décilitres =

11 kilolitres =

140 hectolitres =

25 kilolitres =

14 décilitres =

490 kilolitres =

100 hectolitres =

98ᵉ EXERCICE.

24 kilomètres   843 mètres =

1 myriamètre 2.974 mètres =

64 hectomètres 981 mètres =

64 décamètres   24 mètres =

43 hectomètres 903 mètres =

66 hectomètres   25 mètres =

473 myriamètres   9 mètres =

194 centimètres   =

1 décamètre   542 mètres =

70 kilomètres   78 mètres =

78. On appelle *carré d'un nombre* le produit de deux facteurs égaux : $4 \times 4 = 16$; carré de 4.

79. On appelle *cube d'un nombre* le produit de

de trois facteurs égaux : $4 \times 4 \times 4 = 64$; cube 4.

80. Un *mètre carré* contient **100 décimètres** carrés.

En effet, soit le mètre carré A B C D, si l'on divise la base D C et la hauteur A D chacune en dix parties égales :

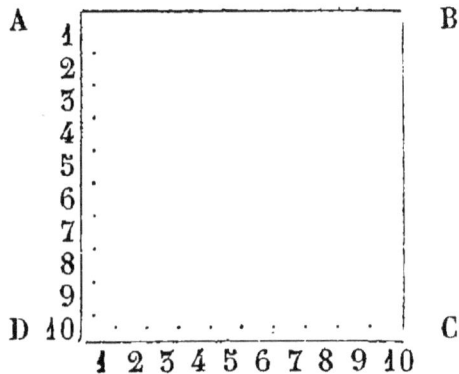

A
1
2
3
4
5
6
7
8
9
D 10

1 2 3 4 5 6 7 8 9 10

B

C

chaque partie aura un décimètre.

Si par ces points de division on mène des perpendiculaires, ces lignes en se croisant formeront cent petits carrés

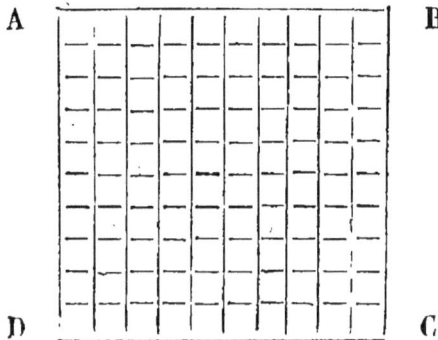

A   B

D   C

d'un décimètre de côté ou **100** décimètres carrés. Donc le mètre carré vaut **100** décimètres carrés.

On démontrerait de la même manière que le décimètre carré vaut **100** centimètres carrés, que le centimètre carré vaut **100** millimètres carrés, que l'are vaut **100** mètres carrés.

81. Un *mètre cube* contient **1.000** décimètres cubes.

Soit le mètre cube M : la base A B C D étant un mètre carré, contient par conséquent **100** centimètres carrés. La base d'un décimètre cube est un décimètre carré; on pourra donc placer sur la base A B C D **100** décimètres cubes:

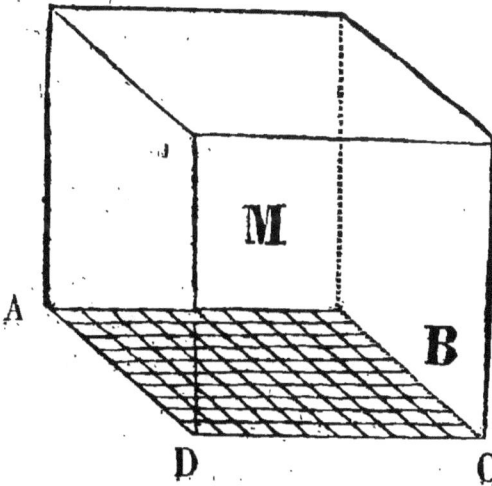

et puisque la hauteur A E égale 10 décimètres, on pourra répéter cette rangée 10 fois :

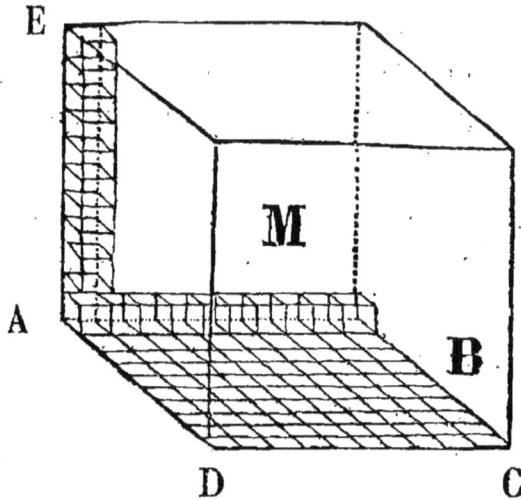

ce qui donne $100 \times 10 = 1.000$ décimètres cubes.

On démontrerait de la même manière que le décimètre cube égale **1.000** centimètres cubes, que le centimètre cube égale **1.000** millimètres cubes.

82. DÉMONSTRATIONS MATHÉMATIQUES.

1 mètre $=$ 10 décimètres.
1 mètre carré $=$ 10 au carré ou $10 \times 10 = 100$ déc. carrés.
1 m. cube $=$ 10 au cube ou $10 \times 10 \times 10 = 1.000$ d. cubes.

83. Il faut **1 chiffre** pour représenter les décimètres en longueur, **2 chiffres** pour représenter les décimètres carrés, **3 chiffres** pour représenter les décimètres cubes, parce qu'un mètre en longueur égale 10 décimètres, un mètre carré égale 100 décimètres carrés, un mètre cube égale 1.000 décimètres cubes.

84. REMARQUE. Le décimètre cube est la millième partie du mètre cube, tandis que le décistère n'est que la dixième partie du stère ou mètre cube.

ABRÉVIATIONS POUR LES POIDS ET MESURES.

C. ou 0/0	Cent ou 100.	K.l. ou kilog.	Kilogramme.
Cent.	Centième, centime, centiare.	Kilol.	Kilolitre.
		Kilom.	Kilomètre.
Centig.	Centigramme.	M. Q.	Mètre carré.
Centim.	Centimètre.	M. C.	Mètre cube.
Centil.	Centilitre.	Mill.	Millième ou
D.	Dixième.		millime.
Déc.	Décime.	Millig.	Milligramme.
Décig.	Décigramme.	Millim. ou mm.	Millimètre.
Décim.	Décimètre.	Myria.	Dix mille.
Décil.	Décilitre.	Myriam.	Myriamètre.
Décag.	Décagramme.	7bre.	Septembre.
Décal.	Décalitre.	8bre.	Octobre.
F. ou fr.	Franc.	9bre.	Novembre.
Gr.	Gramme.	Xbre.	Décembre.
Hect.	Hecto.	J.	Jour.
H.g. ou hectog.	Hectogramme.	H.	Heure.
		M.	Minute.
H.l. ou hectol.	Hectolitre.	S.	Seconde.

Problèmes faciles sur le système métrique.

L'élève, s'appuyant sur un des usages de l'addition, de la soustraction, de la multiplication ou de la division, dira par écrit pourquoi il fait une addition, une soustraction, une multiplication ou une division.

99ᵉ EXERCICE.

P. 1ᵉʳ. Qu'est-ce que le mètre par rapport au quart du méridien terrestre? R.

P. 2ᵉ. Qu'est-ce que le mètre par rapport à l'are? R.

P. 3ᵉ. Combien le myriamètre vaut-il de kilomètres, d'hectomètres, de décamètres? R.   kilomètres ;   hectomètres,   décamètres.

P. 4ᵉ. Combien faut-il de décamètres pour faire un hectomètre, un kilomètre, un myriamètre? R.   décamètres,   kilomètres,   myriamètres.

P. 5ᵉ. Combien l'hectolitre vaut-il de décalitres, de litres? R.   décalitres ;   litres.

P. 6e. Combien le centimètre vaut-il de millimètres ?
R.

P. 7e. Combien le mètre vaut-il de décimètres, de centimètres, de millimètres ? R.   décimètres,
centimètres,   millimètres.

P. 8e. Combien le décimètre vaut-il de centimètres,
de millimètres ? R.   centimètres,   millim.

P. 9e. Combien le centimètre vaut-il de millimètres ?
R.   millimètres.

P. 10e. Combien y a-t-il de décam., d'hectom., de kilom.,
dans 78.924 mètres ? R. décam.   ; hectom.
; kilom.

100e EXERCICE.

P. 1er. Qu'est-ce que le décimètre carré, le centimètre
carré, le millimètre carré par rapport au mètre
carré ? R.   e partie,   e partie,   e partie.

P. 2e. Qu'est-ce que le décimètre cube, le centimètre
cube, le millimètre cube par rapport au mètre
cube ? R.   e partie,   e partie,
e partie.

P. 3e. Combien un mètre carré vaut-il de centimètres
carrés ? R.   centimètres carrés.

P. 4e. Combien y a-t-il de mètres carrés dans 34.500 décimètres carrés ? R.   mètres carrés.

P. 5e. Quel est le poids de 100 fr. en hectogrammes ?
R.   hectogrammes.

P. 6e. On demande la longueur totale de deux fossés
ayant l'un 2 décam.3, l'autre 15m,5 ? R.

P. 7e. Quel est le poids de 100 pièces de 5 fr.? R.   kilog. hectog.

P. 8e. Avec 125 grammes d'argent monnayé, combien ferait-on de pièces de 0,20? R.

P. 9e. Combien y a-t-il de mètres carrés dans 10 ares? R.

P. 10e. Combien y a-t-il de myriagrammes dans 90.000 grammes? R.

101e EXERCICE.

P. 1er. La superficie du département du Rhône est de 282.248 hectares; exprimer cette superficie en mètres carrés. R.

P. 2e. Déterminer le nombre de mètres contenus dans 67.645 millimètres. R.

P. 3e. Avec combien de grammes d'argent pur faut-il allier 45 grammes de cuivre pour avoir de l'argent monnayé? R.

P. 4e. Combien y a-t-il de mètres cubes dans 4.797 décimètres cubes? R.   mètres cubes   décim. cub.

P. 5e. On a deux caisses, l'une de 54 kilog. 140 gr., l'autre de 4 décag. 550 gr.; on demande leur poids? R.   kilog.   grammes.

P. 6e. Combien y a-t-il de centimètres cubes dans 10 décimètres cubes? R.

P. 7e. Combien y a-t-il de pièces de 5 fr. dans 25 kilogrammes d'argent monnayé? R.

P. 8°. Combien pèsent 2 décimètres cubes d'eau pure ?
R. kilog.

P. 9°. Combien vaut une somme d'or qui pèse 64 grammes
5 décig., une pièce de 20 fr. pesant 6 gr. 45 décig. ?
R.

P. 10°. Combien 140 kilomètres font-ils de mètres ?
R.

102° EXERCICE.

P. 1er. Avec combien de grammes de cuivre faut-il allier
252 grammes d'argent pur pour avoir de l'argent
au titre légal ? R.

P. 2°. Combien 45 kilomètres font-ils de mètres ?
R.

P. 3°. Combien y a-t-il d'ares dans 2.555 mètres carrés ?
R. ares centiares.

P. 4°. Quel est le poids d'un mètre cube d'eau pure ?
R. kilogrammes.

P. 5°. On retire d'un tonneau 1 hectolitre et 9 litres de
vin, il en reste encore 95 litres ; quel était son
contenu ? R.

P. 6°. Combien y a-t-il de mètres cubes dans 4.375.600
centim. cubes? R. m. cubes cent. cub.

P. 7°. Combien y a-t-il de litres dans une cuve de 5 mètres
cubes? R.

P. 8°. Combien y a-t-il d'hectares dans 90.000 mètres
carrés ? R.

P. 9ᵉ. 40 pièces de 0,25 combien font-elles de francs ?
R.

P. 10ᵉ. Évaluer en hectares, ares et centiares le nombre
entier 195.760. R.   hectares,   ares,   centiares.

105ᵉ EXERCICE.

P. 1ᵉʳ. Combien 16 mètres font-ils de centimètres ?
R.

P. 2ᵉ. Combien 69.375 mètres font-ils de kilomètres ?
R.   kilomètres,   m.

P. 3ᵉ. Quel est le produit de 15 kilog. par 0,5.407 ?
R.

P. 4ᵉ. Indiquer le nombre de kilomètres contenu dans
400.000 centimètres. R.

P. 5ᵉ. Une corde avait 5 décamètres, on a pris 9ᵐ,55 ;
combien en reste-t-il ? R.

P. 6ᵉ. Combien 14 mètres font-ils de décimètres ?
R.

P. 7ᵉ. Convertir 9.630 litres en décalitres. R.

P. 8ᵉ. Combien 2 hectares font-ils de mètres carrés ?
R.

P. 9ᵉ. Combien y a-t-il de m. cubes dans 1.234.567.890
millimètres cubes ? R.   m. cube.
millimètres cubes.

P. 10ᵉ. Convertir 4 hectares, 9 ares et 65 centiares en
mètres carrés. R.

104e EXERCICE.

P. 1er. Combien 18 hectolitres font-ils de litres?
R.

P. 2e. Traduire en kilogrammes et hectogrammes le
nombre 5.500 grammes. R. kilog. et hectog.

P. 3e. Combien 3 myriamètres et 7 décamètres font-ils
de mètres? R.

P. 4e. Combien y a-t-il de stères dans 40 décistères?
R.

P. 5e. Une pièce de 5 fr. pèse 2 décag. 5 gr., une de
20 fr. pèse 6 grammes 45 ; quelle est la différence de poids de ces deux pièces? R.

P. 6e. Convertir en grammes 55 kilog et 97 hectog.
R.

P. 7e. Un kilogramme d'huile coûte 1 fr. 30 c. ; quel
sera le prix d'un hectogramme? R.

P. 8e. Combien 563 grammes font-ils de centigrammes?
R.

P. 9e. Combien faudrait-il de pièces de 1 fr. pour équi-
librer un mètre cube d'eau pure? R.

P. 10e. Combien le mètre cube vaut-il de litres?
R.

105e EXERCICE.

P. 1er. Combien y a-t-il de grammes dans 10.000 milli-
grammes? R.

c..

P. 2e. L'hectogramme de sucre coûte 0,19 c. ; quel est le prix du kilogramme ? R.

P. 3e. En payant 18 fr. le stère de bois, à combien revient le décistère ? R.

P. 4e. Combien 7 stères font-ils de décistères ? R.

P. 5e. Sur un terrain de 3 hect. on a pris 2 hect. 2 centiares pour faire un bois, 25 ares 54 centiares pour faire un jardin, le reste est destiné pour les bâtiments ; on demande, en mètres carrés, la surface réservée aux bâtiments. R.

P. 6e. Combien 70 stères font-ils de décistères ? R.

P. 7e. Exprimer en francs la valeur de 7.600 décimes. R.

P. 8e. On vend 1 fr. 90 le décistère de bois ; à combien revient le stère ? R.

P. 9e. Exprimer en centimes la valeur de 79 fr. 5 décimes. R.

P. 10e. En vendant le mètre cube 250 fr., que vaudrait le litre ? R.

Problèmes combinés sur l'addition, la soustraction et la multiplication.

106e EXERCICE.

L'élève disposera ses opérations et ses indications de la manière suivante :

P. Un libraire a fait une livraison de 75 volumes à 7 fr. 20 c. et une autre de 175 volumes à 3 fr. 70 ; quel est le prix total et la différence de prix de ces deux livraisons ? R. Total : 1.187 fr. 50 c. ; différence : 107 fr. 50 c.

Exemple.

OPÉRATIONS.

7,20	175	647,50	647,50
75	3,70	540,00	540,00
3600	122 50	1.187,50	107,50
5040	525		
54000	64750		

SOLUTIONS.

7,20 $\times$ 75 = 540 fr., prix de la 1re livraison.
3,70 $\times$ 175 = 647 fr. 50 c., prix de la 2e livraison.
647,50 $\times$ 540 = 1.187 fr. 50 c., prix des deux livraisons.
647,50 — 540 = 107 fr. 50 c., différence de prix des deux livraisons.

P. 1er. Georges a 7 ans et 4 mois, Charles a 8 ans et 6 mois; combien celui-ci a-t-il vécu de minutes de plus que celui-là? R.   (année de 360 jours).

P. 2e. Un courrier a parcouru 25 myriamètres et 400 kilomètres; on demande combien il lui reste de mètres à parcourir, sachant que son trajet doit être de 28 myriam. 4.647 m.? R.

P. 3e. Deux fontaines donnent la première 165 litres à l'heure, la seconde 245 dans le même temps; après que la première a coulé 5 jours et la seconde 4, on demande combien la seconde a donné de litres de plus que la première et combien elles ont donné de litres ensemble. R.   litres, ensemble   litres.

P. 4e. J'ai échangé 3 arbres de 8 m. chacun à 2 fr. 50 c. le mètre et 5 de 10 mètres à 3 fr. 25 c. le mètre contre 7 douzaines de planches à 28 fr. la douzaine; quel est le résultat de cette vente? R.   de perte.

107e EXERCICE.

P. 1er. Deux voyageurs font bourse commune; le premier possède 25 pièces de 20 fr., 27 pièces de 5 fr. et 5 pièces de 2 fr.; le second possède 20 pièces de 20 fr., 6 pièces de 5 fr. et 5 pièces de 2 fr.; quelle est la différence des deux bourses? R.

P. 2ᵉ. **Dans un certain carrelage de fantaisie, on emploie 95 carreaux noirs à 0,75 c. et 4 fois autant de carreaux blancs à 0,80 c. ; combien emploie-t-on de carreaux, combien coûte le carrelage, y com- la main d'œuvre qui est de 65 f., et combien enfin les carreaux blancs coûtent-ils de plus que les carreaux noirs ? R.   carreaux ;**
prix du carrelage :   de différence.

P. 3ᵉ. **On a mis dans un tonneau 2 hectolitres d'eau pure, puis on en a retiré 20 litres, puis enfin on en a remis 5 décalitres ; quel est le poids de l'eau qui reste dans le tonneau ? R.**

P. 4ᵉ. **On a acheté 2 pièces de drap, la première de 235 m. à 18 fr. 45 c. le mètre, la deuxième de 585 m. à 25 fr. 94 c. le mètre ; combien a-t-on acquis de mètres, combien a-t-on déboursé, quelle est la différence de longueur et de prix des deux pièces ?**
R.   mètres ;   ;   mètres,
différence de longueur;   , différence
de prix.

108ᵉ EXERCICE.

P. 1ᵉʳ. **Un marchand de vin a acheté 3 fois 150 pièces d'une première espèce et 89 pièces d'une seconde ; il en a vendu 58 de sa première ; combien en a-t-il vendu de la seconde, s'il ne lui reste plus en tout que 400 pièces ? R.**

c...

P. 2ᵉ. Trois personnes se partagent un héritage : la première a eu le double de la deuxième, la deuxième le triple de la troisième qui a eu 49 pièces de vin à 35 fr. l'une et 150 hectolitres de blé à 2 fr. 50 c. l'un, mais elle a payé une dette de 149 fr. ; quel est le montant de l'héritage ? R.

P. 3ᵉ. Avec 1.411 fr. de plus, il me manquerait encore 281 fr. pour acheter 925 mètres de drap à 19 fr. ; quelle est la somme dont je puis disposer ? R.

P. 4ᵉ. On demande le nombre de plumes contenues dans 144 paquets, dont 75 de 25 plumes chacun et les autres de 28 plumes. R.

109ᵉ EXERCICE.

P. 1ᵉʳ. Jean est entré au jeu avec 5 pièces de 20 fr., 8 pièces de 5 f., 17 pièces de 2 f. et 14 de 0,50 c. ; il en est sorti avec 4 pièces de 20 fr., 3 pièces de 2 fr. et 20 pièces de 0,50 c. ; combien a-t-il perdu ? R.

P. 2ᵉ. Une église a 14 fenêtres de 6 carreaux, 64 de 8 et 80 de 10 ; combien a-t-elle de fenêtres, combien les fenêtres ont-elles de carreaux, combien les dernières fenêtres ont-elles de carreaux de plus que les secondes, et combien les secondes en ont-elles de plus que les premières ? R.   fenêtres ;

carreaux ;   , excès sur les deuxièmes ;
, excès sur les troisièmes.

P. 3ᵉ. On a mis deux robinets à une cuve de la capacité
de 7 mètres cubes 129 décimètres cubes : le premier robinet donne 8 décalitres à l'heure, le
second donne 2 hectolitres dans le même temps ;
on demande ce qu'il reste dans la cuve après
24 heures que les robinets ont coulé ensemble.
R.

P. 4ᵉ. Quel est le prix total et quelle est la différence de
prix de deux pièces dont la première contient 143
mètres à 29 fr. le mètre et la deuxième 38
mètres à 12 fr. 25 c. le mètre ? R. prix total :
; différence :

110ᵉ EXERCICE.

P. 1ᵉʳ. On a versé une somme de 966 fr. 50 c. pour les
pauvres : dans une première distribution, il a été
distribué 75 pièces de 5 fr. et 59 pièces de 0,50 c.;
que reste-t-il de cette bonne œuvre ? R.

P. 2ᵉ. Deux écheveaux de soie se dévident ensemble ; ils
ont de circonférence le premier 1ᵐ,50, le deuxième
0ᵐ,75, et ils font un tour par minute ; dans une
heure combien auront-ils donné de mètres, et
combien le premier en aura-t-il donné de plus
que le second ? R. Total : ; différence :

P. 3ᵉ. Quel sera le poids total de 2 rouleaux, l'un contenant 100 pièces de 1 fr., l'autre 100 pièces de 5 fr., sachant que par l'usure une pièce de 5 fr. a perdu 2 grammes 25 ? R.   kilog.

P. 4ᵉ. 49 élèves ont reçu chacun 15 bons points, 64 en ont reçu chacun 10 ; combien a-t-on distribué de bons points, et combien les premiers en ont-ils reçu de plus que les seconds ? R. Total :   bons points ; différence :

QUESTIONNAIRE DE LA DEUXIÈME ANNÉE.

———◦———

ADDITION. Quel est le but de l'addition (7-1) (*) ? *Comment se nomme son résultat* (7-2) ? *Comment fait-on l'addition* (7-3) ? *Le résultat est il bien la somme des nombres donnés* (8-4) ? *Pourquoi commence-t-on par la droite* (11-5) ? *Qu'appelle-t-on preuve* (12-6) ? *En quoi consiste la preuve la plus prompte et la plus suivie* (12-7) ? *Comment se fait l'addition des nombres décimaux* (14-8) ? *La virgule posée au total est-elle bien à sa place* (14-9) ? *Quels sont les différents usages de l'addition* (15-10) ?

SOUSTRACTION. Quel est le but de la soustraction (19-11) ? *Comment se nomme son résultat* (19-12) ? *Sur quels principes repose-t-elle* (19-13) ? *Comment la fait-on* (19-14) ? *Le reste est-il bien la différence cherchée* (20-15) ? *Comment fait-on la preuve* (20-16) ? *Que faudrait-il faire si le chiffre à soustraire était plus fort que son correspondant* (21-17) ? *Comment*

---

*) Le premier nombre indique la page, le second indique le paragraphe.

se fait la soustraction des nombres décimaux (24-18)? Comment se fait la preuve de l'addition par la soustraction (25-19)? Quels sont les différents usages de la soustraction (26-20)?

MULTIPLICATION. Qu'est-ce que la multiplication (30-21)? Comment nomme-t-on son résultat (30-22)? Qu'appelle-t-on facteurs (30-23)? Quel nombre doit-on prendre pour multiplicande (30-24)? Et pour abréger l'opération (31-25)? Démontrez que $5 \times 4 = 4 \times 5$ (31-26)? Comment multiplie-t-on un nombre quelconque par un nombre d'un seul chiffre (31-27)? Raisonnement (32-28). Comment multiplie-t-on un nombre de plusieurs chiffres par un nombre de plusieurs chiffres (36-29)? Raisonnement (37-30). Qu'arrive-t-il si l'on rend un des facteurs un certain nombre de fois plus grand (37-31)? Réciproquement (38-32)? Comment fait-on la preuve de la multiplication (38-33)? Comment se fait la multiplication des nombres décimaux (39-34)? Et si le produit ne contenait pas autant de chiffres qu'il doit y avoir de décimales (40-35)? Et si l'un des facteurs ou tous les deux étaient terminés par des zéros (41-36)? Quels sont les principaux usages de la multiplication (44-37)?

DIVISION. Qu'est-ce que la division (53-38)? Le dividende (53-39)? Le diviseur (53-40)? Le quotient (53-41)? Par quel moyen trouve-t-on le quotient quand le dividende n'a qu'un ou deux chiffres et le diviseur un seul (53-42)? Comment divise-t-on deux nombres entiers l'un par l'autre (54-43)? Raisonnement (61-44). Comment se fait la preuve (64-45)? Quand un chiffre au quotient est-il trop fort (65-46)? Trop faible (65-47)? Exact (66-48)? Que faut-il faire pour éviter les tâtonnements (66-49)? Pourquoi commence-t-on la division par la droite (66-50)? Comment obtient-on des dixièmes, des centièmes, etc., au quotient (66-51)? Que faut-il faire si le dividende est un nombre décimal (67-52)? Si c'est le diviseur (68-53)? Si c'est le dividende et le diviseur (69-54)? Si le dividende seulement est terminé par des zéros (70-55)? Si c'est le diviseur (70-56)? Si c'est le dividende et le diviseur (70-57)? Que faut-il faire pour diviser un nombre par 10, 100, 1.000 (71-58)? Qu'arrive-t-il si l'on multiplie ou si l'on divise le dividende (71-59)? Le diviseur (72-60)? Le dividende et le di-

*viseur par le même nombre (72-61)? Comment fait-on la
preuve de la multiplication par la division (72-62)? Comment fait-on la preuve par 9 de la multiplication 72-63)? De
la division (73-64)? Quand un nombre est-il divisible par 2,
par 3, par 4, par 5, par 6, par 9 et par 10 (74-65)? Quels
sont les différents usages de la division (74-66)?*

*SYSTÈME MÉTRIQUE. Qu'est-ce que le système des
poids et mesures métriques? pourquoi l'appelle-t-on aussi
système légal (82-67)? Quelles sont les principales unités
métriques (83-68)? Qu'est-ce que le mètre (83-69)? L'are
(83-70)? Le stère (83-71)? Le litre (84-72)? Le gramme
(84-73)? Le franc (85-74)? Comment obtient-on les multiples
des unités métriques (85-75)? Comment obtient-on les sous-
multiples (85-76)? Qu'entend-on par mesures mathématiques
et par mesures effectives (85-77)? Qu'appelle-t-on carré d'un
nombre (87-78)? Cube d'un nombre (87-79)? Démontrer par
le raisonnement qu'un mètre carré contient 100 décimètres
carrés, qu'un décimètre carré vaut 100 centimètres carrés,
qu'un centimètre carré vaut 100 millimètres carrés, que
l'are vaut 100 mètres carrés (88-80). Démontrer par le
raisonnement qu'un mètre cube contient 1.000 décimètres
cubes, qu'un décimètre cube vaut 1.000 centimètres cubes,
qu'un centimètre cube vaut 1.000 millimètres cubes (89-
81). Démonstrations mathématiques (90-82). Pourquoi
faut il 1 chiffre pour représenter les décimètres en longueur, 2 pour représenter les décimètres carrés, 3 pour
représenter les décimètres cubes (90-83)? Quelle différence
y a-t-il entre le décimètre cube et le décistère (91-84)?*

FIN DU COURS DE LA DEUXIÈME ANNÉE.

ARITHMÉTIQUE THÉORIQUE & PRATIQUE

D'après le programme

Donné aux Écoles de Lyon

PAR LA SOCIÉTÉ D'INSTRUCTION PRIMAIRE DU RHONE.

COURS DE DEUXIÈME ANNÉE.

Édition de l'Élève.

ARITHMÉTIQUE THÉORIQUE & PRATIQUE

D'après le programme

Donné aux Écoles de Lyon

PAR LA SOCIÉTÉ D'INSTRUCTION PRIMAIRE DU RHONE.

COURS DE DEUXIÈME ANNÉE.

Édition du Maître.

264

www.ingramcontent.com/pod-product-compliance
Lightning Source LLC
Chambersburg PA
CBHW071218200326
41519CB00018B/5583